Britta Buschmann

Lernstationen inklusiv

Rechnen im Zahlenraum bis 20

Differenzierte Materialien für den inklusiven Mathematikunterricht

9783403235736

PERSEN

Britta Buschmann ist erfahrene Grundschullehrerin und unterrichtet die Fächer Mathematik, Deutsch, Sport und Englisch.

Wir verwenden in unseren Werken eine genderneutrale Sprache, damit sich alle gleichermaßen angesprochen fühlen. Wenn keine neutrale Formulierung möglich ist, nennen wir die weibliche und die männliche Form. In Fällen, in denen wir aufgrund einer besseren Lesbarkeit nur ein Geschlecht nennen können, achten wir darauf, den unterschiedlichen Geschlechtsidentitäten gleichermaßen gerecht zu werden.

2. Auflage 2025

AAP Lehrerwelt GmbH
Veritaskai 3
21079 Hamburg
Telefon: +49 (0) 40325083-040
E-Mail: info@lehrerwelt.de
Geschäftsführung: Andrea Fischer, Sandra Saghbazarian
USt-ID: DE 173 77 61 42
Register: AG Hamburg HRB/126335

Autorschaft:	Britta Buschmann
Covergestaltung:	TSA&B Werbeagentur GmbH, Hamburg
Illustrationen:	Stefan Lucas sowie Marion El Khalafawi (Lupe, Skates), Julia Flasche (Ball), Fides Friedeberg (Puppe), Anke Fröhlich (Auge), Nataly Meenen (Säckchen mit Murmeln), Ari Plikat (Auto, Eierkartons), Tania Schnagl (Heft), Jennifer Spry (Stift)
Satz:	Satzpunkt Ursula Ewert GmbH, Bayreuth
Druck und Bindung:	Esser printSolutions GmbH, Bretten

ISBN/Bestellnummer: 978-3-403-23573-6
www.persen.de

Inklusiver Unterricht richtet sich mit seinem Angebot an alle Schüler mit ihren unterschiedlichen Kompetenzniveaus und individuellen Bedürfnissen. Er fördert die Selbstständigkeit aller Kinder sowie das kooperative Lernen in heterogenen Lerngruppen und fordert eine Öffnung des Unterrichts.
In einem inklusiven Unterricht werden vor allem offene Unterrichtsformen bevorzugt. Deshalb widmet sich dieses Lehrwerk dem Stationslernen, das sich in der Praxis sehr bewährt hat.
Das Lernen an Stationen ist zur Umsetzung dieser Unterrichtsprinzipien geeignet, da die Kinder entsprechend ihren individuellen Fähigkeiten und Fertigkeiten üben können. Außerdem finden sozial-integrative Lernprozesse statt, gleichermaßen wird die Persönlichkeitsentwicklung durch das hohe Maß an Eigenverantwortlichkeit gestützt.
Des Weiteren wirkt sich das Stationenlernen positiv auf den Bewegungsdrang der Kinder aus, der gerade in den ersten Klassen bei jüngeren Schülern und besonders in Inklusionsklassen ziemlich ausgeprägt ist. Nicht zuletzt steigt dadurch auch die Konzentrationsfähigkeit der Kinder.
Die offene Unterrichtsform bietet der Lehrkraft die Möglichkeit, sich einzelnen Kindern zu widmen, Hilfestellung zu geben, wo sie gebraucht wird, die Schüler zu beobachten und ihren Lernstand zu diagnostizieren.
Wichtige Erziehungsziele bei der Arbeit an Stationen sind zum einen die Selbstständigkeit durch Selbsttätigkeit und zum anderen die Mitbestimmung, da jedes Kind über die Reihenfolge, den Arbeitsumfang und den Zeitbedarf an einer Station selbst entscheidet. Zeitvorgaben werden nur hinsichtlich der Gesamtdauer des Übungszirkels gemacht, sodass die Kinder die Möglichkeit haben, entsprechend ihrem individuellen Lerntempo zu arbeiten. Hinzu kommt das soziale Lernen, bei dem die Schüler zusammenarbeiten und sich gegenseitig helfen.

Differenzierung

Um die Lernstationen nicht nur quantitativ sondern auch qualitativ zu differenzieren, bietet sich eine dreifache Differenzierung an. In diesem Fall werden sie drei unterschiedlichen Tieren zugeordnet:

 Floh-Aufgaben (leicht)

 Mäuse-Aufgaben (mittel)

 Elefanten-Aufgaben (schwer)

Die Floh-Aufgaben gehören dabei zu den leichteren Aufgaben, die sowohl für alle Kinder sein können als auch speziell für die Kinder mit Förderbedarf gedacht sind. Die Mäuse-Aufgaben fallen in den mittleren Schwierigkeitsbereich und können von den Kindern mit Förderbedarf auf freiwilliger Basis erarbeitet werden, für die anderen Kinder können sie Pflichtaufgaben sein. Die Elefanten-Aufgaben decken den schwierigeren Aufgabenteil ab. Sie müssen nicht von allen bearbeitet werden.

Stationszettel

Damit die Kinder sich eine gute Orientierung verschaffen können, erhalten sie Laufzettel. Darauf sind alle Stationen aufgeführt, die sie während des Stationsbetriebes bearbeiten sollen.
Schwächere Schüler erhalten beispielsweise einen Laufzettel mit vorwiegend „Floh-Aufgaben“, während leistungsstärkere Kinder einen Laufzettel erhalten, der nur „Mäuse-Aufgaben und Elefanten-Aufgaben“ beinhaltet.
Die Reihenfolge der Aufgabentypen (erst die Mäuse-Aufgaben, dann die Elefanten-Aufgaben) kann dabei als Regel für den Stationsbetrieb festgelegt werden. Die Aufgabenreihenfolge innerhalb der einzelnen Aufgabentypen kann dabei freigestellt sein.
Die Kinder haken die erledigten Aufgaben des Laufzettels selbstständig ab. Es empfiehlt sich allerdings, dass die Lehrkraft die Aufgaben ebenfalls einsieht und gegebenenfalls kontrolliert.
Damit die Kinder nicht im Anschluss an jede Aufgabe die Lehrkraft aufsuchen, hat es sich bewährt, im Klassenzimmer einen Kontrollpunkt einzurichten, an dem die Schüler zum Ende einer Übungsphase ihre Arbeiten abgeben können um diese von der Lehrkraft oder aber auch von älteren oder leistungsstärkeren Kindern kontrollieren zu lassen.
Die Kinder können ihren individuellen Laufzettel in ihrem eigenen Tempo bearbeiten. Schnelle Schüler können im Stationsbetrieb ungebremst arbeiten, ohne die Lehrkraft ständig fragen zu müssen, was sie als Nächstes tun sollen.
Die Symbole, die hier verwendet wurden, können natürlich gerne gegen andere, bereits in der Klasse vorhandene ausgetauscht werden. In diesem Fall bezieht sich die Lupe auf die Selbstkontrolle und das Auge auf die Kontrolle der Lehrkraft. Wie und wann man bestimmte Aufgaben von den Kindern kontrollieren möchte, hängt von der Zusammensetzung der Kinder und von dem jeweiligen Kind ab. Sicherlich benötigen nicht alle Kinder nach jeder Bearbeitung einer Station eine direkte

Kontrolle durch die Lehrkraft. Besonders bei Kindern mit speziellem Förderbedarf bietet es sich allerdings an. Schnelle und sichere Rechner bedürfen sicher nicht nach jeder Aufgabe einer Kontrolle durch die Lehrkraft. Da bietet es sich an, die Kontrolle nach bestimmten Themenbereichen oder nach einer gewissen Anzahl an bearbeiteten Aufgaben einzuführen.
Unter dem Punkt Aufgaben können die jeweiligen Symbole des Flohs, der Maus und des Elefanten eingetragen sein, je nachdem, welche Aufgaben das Kind bearbeiten soll.
In der Spalte Nummer lassen sich die Nummern der Arbeitsblätter eintragen, die das Kind bearbeitet hat oder die es bearbeiten soll.
Nachdem ein Kind die Aufgabe des Plans erledigt hat, kann es diese auf seinem Plan abhaken, kontrollieren oder mit dem Partner vergleichen, je nach Aufgabenschwerpunkt. Bei dem Augensymbol muss eine zusätzliche Kontrolle durch die Lehrkraft erfolgen.
Die Pläne lassen sich so gestalten, dass entweder alle Aufgaben in den Plan eingearbeitet werden können oder man kürzere Pläne zu den einzelnen Unterrichtsschwerpunkten oder zu den zu wünschenden Schwerpunkten legen kann.

Helfer/Experten des Tages

Da das Lern- und Arbeitstempo in inklusiven Klassen sehr vielfältig ist, ergibt sich hier ein großer Bedarf, dieses klar zu regeln, wenn nicht ständige Nachfragen von den Kindern hervorgerufen werden sollen – und die Lehrkraft sich als alleiniger Helfer überfordert fühlt. Gleichzeitig ist die Verschiedenheit aber geradezu wichtig, weil sich daraus wechselseitige Anregungen ergeben können. Auch Aspekte der Selbstständigkeit und Hilfsbereitschaft werden so gefördert. In jeder Stunde kann es Helfer geben, die sowohl von den anderen Kindern um Hilfe gebeten werden als auch aktiv durch den Raum gehen dürfen. Auf Seite 94 findet sich ein Helferplakat, welches zur Stationsarbeit genutzt werden kann. Hier können mithilfe von Wäscheklammern die Namen der Kinder angeheftet werden, die während der Stationsarbeit als Helfer tätig sind. Vor Beginn jeder Übungsstunde können im Gespräch mit den Kindern neue Helfer bzw. Experten des Tages festgelegt werden.
In jahrgangsgemischten Klassen hat sich dieses Helferprinzip besonders bewährt, da hier auch ältere Kinder mit Förderbedarf jüngeren Kindern Hilfestellung geben können.
Mit mehreren Helfern bleibt der Lehrkraft auch mehr Zeit zur gezielten Förderung und Arbeit mit einzelnen Schülern.
Die Lehrkraft kann auch einen Tisch als sogenanntes Büro einrichten, an dem sie selbst den Kindern zu bestimmten Zeiten zur „Sprechstunde“ zur Verfügung steht. Immer wenn dieses Schild an der Tafel hängt, haben die Kinder die Möglichkeit zur gezielten Sprechstunde, in der Einzelfragen gestellt werden können (Schilder für die eben genannten Helfersysteme befinden sich auf S. 93).

Regeln

Um einen reibungslosen Verlauf innerhalb der Stationsarbeit zu gewährleisten, müssen zusammen mit den Kindern vorher Regeln festgelegt werden, die während der Arbeit eingehalten werden müssen.
Einige Vorschläge zum Regelwerk finden sich im Anhang wieder.

Sozialformen

Es bieten sich im Stationsbetrieb verschiedene Sozialformen an. So können die Stationen sowohl in Einzel- als auch in Partner- oder Gruppenarbeit erledigt werden. Bei den bewegten Stationen sind die Sozialformen vermerkt.

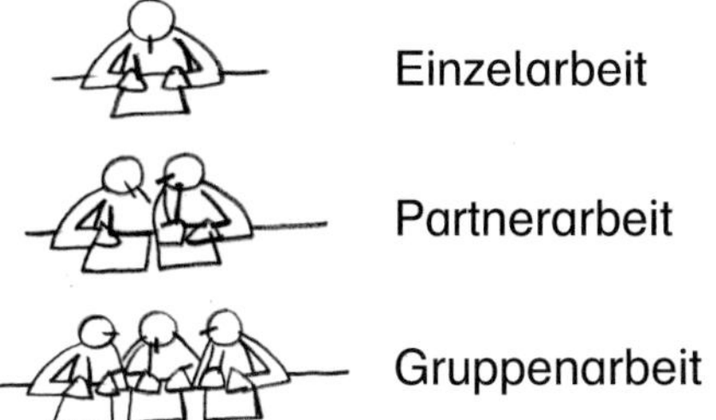

Bewegungsstation

An diesen Stationen werden mathematische Aufgaben mit verschiedenen Bewegungsaufgaben kombiniert.
Die Übungen finden sich ebenfalls auf den Laufzetteln der Kinder wieder. Dabei können bei den einzelnen Schülern mehr oder weniger Bewegungsaufgaben integriert werden.
Beispiele für solche Bewegungsaufgaben finden sich im Anhang und können individuell in den Stationsbetrieb eingebaut werden.

Übersicht über die Inhalte der Lernstationen

Thema/Station	Schwierig-keitsgrad	Schwerpunkte/Hinweise
Entwicklung des Zahlbegriffs/Zahldarstellung		
Station 1: So viele Finger	leicht	Anzahlen erkennen
Station 2: Anzahlen bestimmen	leicht	Anzahlen erkennen und bestimmen
Station 3: Netze füllen	leicht	Übung zur Erfassung von Anzahlen, Bündeln
Station 4: Seifenblasen einkreisen	leicht	Bestimmen und Herstellen von Anzahlen
Station 5: Seifenblasenalarm	mittel	Anzahl bestimmen und passende Ziffer einkreisen
Station 6: Steckwürfeltürme	mittel	Anzahlen von Steckwürfeltürmen erkennen
Station 7: So viele Möglichkeiten	mittel	Unterschiedliche Veranschaulichungsmittel erkennen und verwenden
Addition im Zehnerraum		
Station 1: Mal mehr, mal weniger	leicht	Anzahlen malen, Entwicklung des Operationsverständnisses
Station 2: Wie viele Finger fehlen?	leicht	Zahlzerlegung im 10er Raum mittels Händespiel, Ergänzungsaufgaben
Station 3: Wie viele Plättchen fehlen?	leicht	Zahlzerlegung im 10er Raum, Ergänzungsaufgaben
Station 4: Immer 10	mittel	Zerlegungsaufgaben der 10
Station 5: Drillingssterne	mittel	Zahlzerlegung im 10er Raum, Aufgabenfamilien
Station 6: Rechenbäume	mittel	Zahlzerlegung im 10er Raum, Ergänzungsaufgaben
Station 7: Plättchen ergänzen	mittel	Zahlzerlegung der 10, Ergänzungsaufgaben
Station 8: Eierkartons	mittel	Zahlzerlegung, die Zahl 10
Station 9: Vierfeldertafel	schwer	Zahlzerlegung, produktive Rechenübungen
Station 10: Zehnminuten-Blitzrechnen	schwer	Addition im Zahlenraum bis 10 vertiefen, üben und festigen
Zahlzerlegung		
Station 1: Zahlen mit der Schüttelbox zerlegen	leicht mittel	Zahlzerlegung vervollständigen und notieren
Station 2: Plättchenwerfen	leicht	Anzahlen mit Plättchen erzeugen, simultane Mengenerfassung, Zahlzerlegung
Station 3: Kleine Zahlenhäuser	mittel	Zerlegungen vervollständigen und in Zahlenhäusern notieren, eigene Häuser gestalten
Station 4: Freundschaftssuche	mittel	Zahlzerlegung, Addition festigen
Station 5: 3-Fach-Schüttelbox	schwer	Zahlzerlegung vervollständigen und notieren, Ergänzungsaufgaben
Station 6: Verschwundene Freunde	schwer	Zahlzerlegung, Addition festigen
Addition im Zwanzigerraum		
Station 1: Rechnen und malen	leicht	Addieren im Zahlenraum bis 20, Additionsaufgaben im 20er-Feld darstellen und lösen
Station 2: Perlenkette	leicht	Addieren im Zahlenraum bis 20 mittels Analogieaufgaben
Station 3: Mache aus einer Aufgabe eine neue	mittel	Addieren im Zahlenraum bis 20 mittels Analogieaufgaben
Station 4: Rechnen in zwei Schritten	mittel	Addieren im Zahlenraum bis 20 mit Zehnerüberschreitung, Strategie bis zur 10, dann weiter
Station 5: Rechenbienen	mittel	Addieren im Zahlenraum bis 20 mit drei Summanden und Zehnerüberschreitung
Station 6: Rechenmaschinen	mittel	Addieren im Zahlenraum bis 20, Aufgabenfamilien
Station 6: Muster im Zwanzigerfeld	mittel	Operative Rechenübungen im 20er-Raum
Station 7: Schöne Aufgaben	mittel	Addieren im Zahlenraum bis 20 mittels Analogieaufgaben
Station 8: Känguru-Sprünge	mittel	Addieren im Zahlenraum bis 20 mittels Analogieaufgaben
Station 9: Rechen-Türmchen	schwer	Additions- Ergänzungsaufgaben im Zahlenraum bis 20 mit drei Summanden und Zehnerüberschreitung
Station 10: Immer 20	schwer	Addieren im Zahlenraum bis 20 mit Zehnerüberschreitung
Station 11: Pfeilrechnen	schwer	Operative Rechenübungen im 20er-Raum

Thema/Station	Schwierig-keitsgrad	Schwerpunkte/Hinweise
Subtraktion im Zehnerraum		
Station 1: Rechnen und Malen	leicht	Subtraktion als Handlung erfahren und als Gleichung darstellen
Station 2: Hex, hex	leicht	Subtraktion als Handlung erfahren und als Gleichung darstellen
Station 3: Äpfel-Aufgaben	leicht	Subtraktion als Handlung erfahren und als Gleichung darstellen, Tauschaufgabe
Station 4: Wegnehmen	mittel	Subtraktion als Handlung erfahren und als Gleichung darstellen
Station 5: Minusketten	mittel	Übungen zur Subtraktion
Station 6: Ganz logisch, oder?	mittel	Subtraktionsaufgaben mithilfe von Analogieaufgaben lösen
Station 7: Umkehraufgaben	schwer	Umkehraufgaben kennen lernen und vorteilhaft zum Rechnen nutzen
Station 8: Zehnminuten-Blitzrechnen	schwer	Übungen zur Festigung der Rechenfertigkeiten
Subtraktion im Zwanzigerraum		
Station 1: Rechnen im zweiten Zehner	leicht	Strategien zur Bearbeitung von Subtraktionsaufgaben, Analogieaufgaben
Station 2: Zur 10 hin	leicht	Strategien zur Bearbeitung von Subtraktionsaufgaben, bis zur 10 und dann weiter
Station 3: Aufgabenmuster	mittel	Strategien zur Bearbeitung von Subtraktionsaufgaben, Analogieaufgaben
Station 4: Erst zur 10 und dann weiter	mittel	Strategien zur Bearbeitung von Subtraktionsaufgaben, bis zur 10 und dann weiter
Station 5: Halbieren	mittel	Halbieren von Anzahlen ausführen
Station 6: Von einfach zu schwer	mittel	Strategien zur Bearbeitung von Subtraktionsaufgaben, Analogieaufgaben
Station 7: Minus-Mauern	mittel schwer	Operatives Rechnen, Festigen der Subtraktion
Station 8: Minus über die 10	mittel	Subtraktion festigen
Station 9: Zahlenhäuser einmal anders	schwer	Operatives Rechnen, Festigen der Subtraktion
Zahlordnung/Größer, kleiner, gleich		
Station 1: Froschige Nachbarn	leicht	Strukturierung des Zahlenraums, Vorgänger- und Nachfolgerbeziehungen vertiefen
Station 2: Eulen-Zahlenreihen	leicht	Strukturierung des Zahlenraums, Vorgänger- und Nachfolgerbeziehungen vertiefen, Darstellung von Zahlenfolgen
Station 3: Turmbaumeister	leicht	Zahlen vergleichen und in Relation zueinander setzen
Station 4: Größer, kleiner oder gleich?	leicht	Zahlen vergleichen und in Relation zueinander setzen
Station 5: Nanu, da fehlt doch was?	mittel	Lückenhafte Anordnung der Zahlen im Zwanzigerfeld vervollständigen
Station 6: Ordnung schaffen	schwer	Zahlen der Größe nach ordnen und in Beziehung zueinander setzen
Station 7: Ordnung muss sein	schwer	Zahlen ordnen und in Beziehung zueinander setzen
Größen, Geld		
Station 1: Wie viel Geld ist im Portemonnaie?	leicht	Geldbeträge erlesen
Station 2: Unser Geld	leicht mittel	Kennenlernen von Münzen und Geldbeträgen
Station 3: Mein Taschengeld	mittel	Geldbeträge erlesen und notieren
Station 4: Immer 10 Euro	mittel	Geldbeträge unterschiedlich darstellen
Station 5: Portemonnaies leeren	mittel	Geldbetrag mit möglichst wenig Münzen darstellen
Station 6: Im Spielzeugladen	mittel	Umgang mit Geld, Preise und Rückgeld berechnen
Station 7: Was steckt im Portemonnaie?	mittel	Mit Geld rechnen
Station 8: Auf dem Trödelmarkt	schwer	Umgang mit Geld, Preise und Rückgeld berechnen
Sachaufgaben		
Station 1: Denken und zeichnen	mittel	Denkaufgaben, Lösungsstrategien entwickeln
Station 2: Von Tieren und Piraten	mittel	Denkaufgaben, Lösungsstrategien entwickeln
Station 3: Lesen – rechnen – malen	mittel schwer	Denkaufgaben, Lösungsstrategien entwickeln
Station 4: Zum Knobeln	schwer	Denkaufgaben, Lösungsstrategien entwickeln

Entwicklung des Zahlbegriffs/Zahldarstellung

So viele Finger

Wie viele Finger sind es?
Schreibe die passende Zahl ins Kästchen!

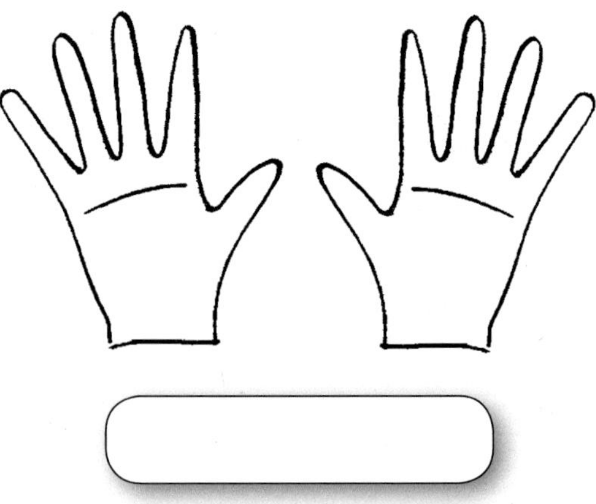

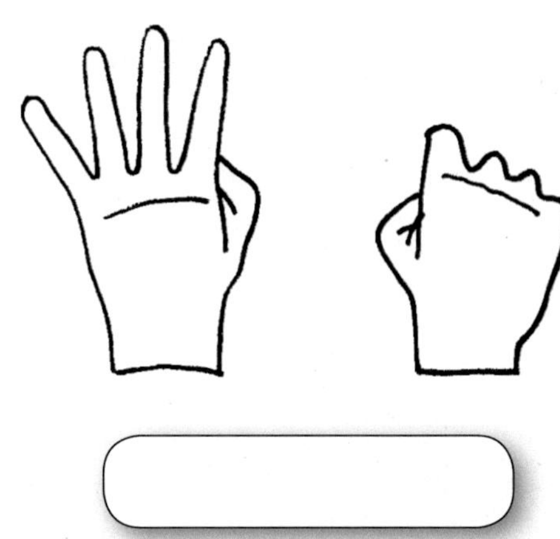

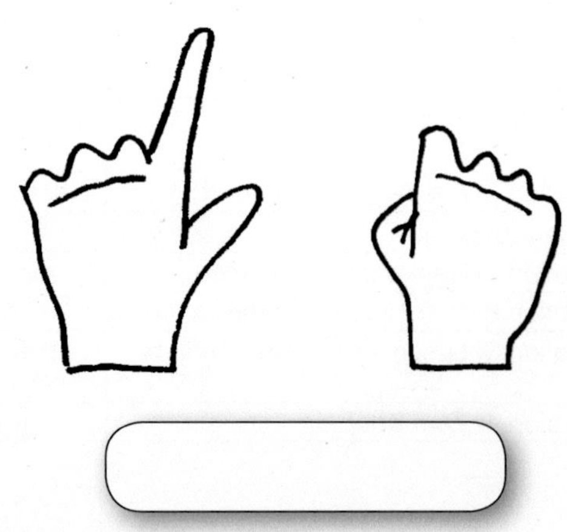

Station 2

Entwicklung des Zahlbegriffs/Zahldarstellung

Anzahlen bestimmen

Verbinde die Zahl mit der passenden Menge.

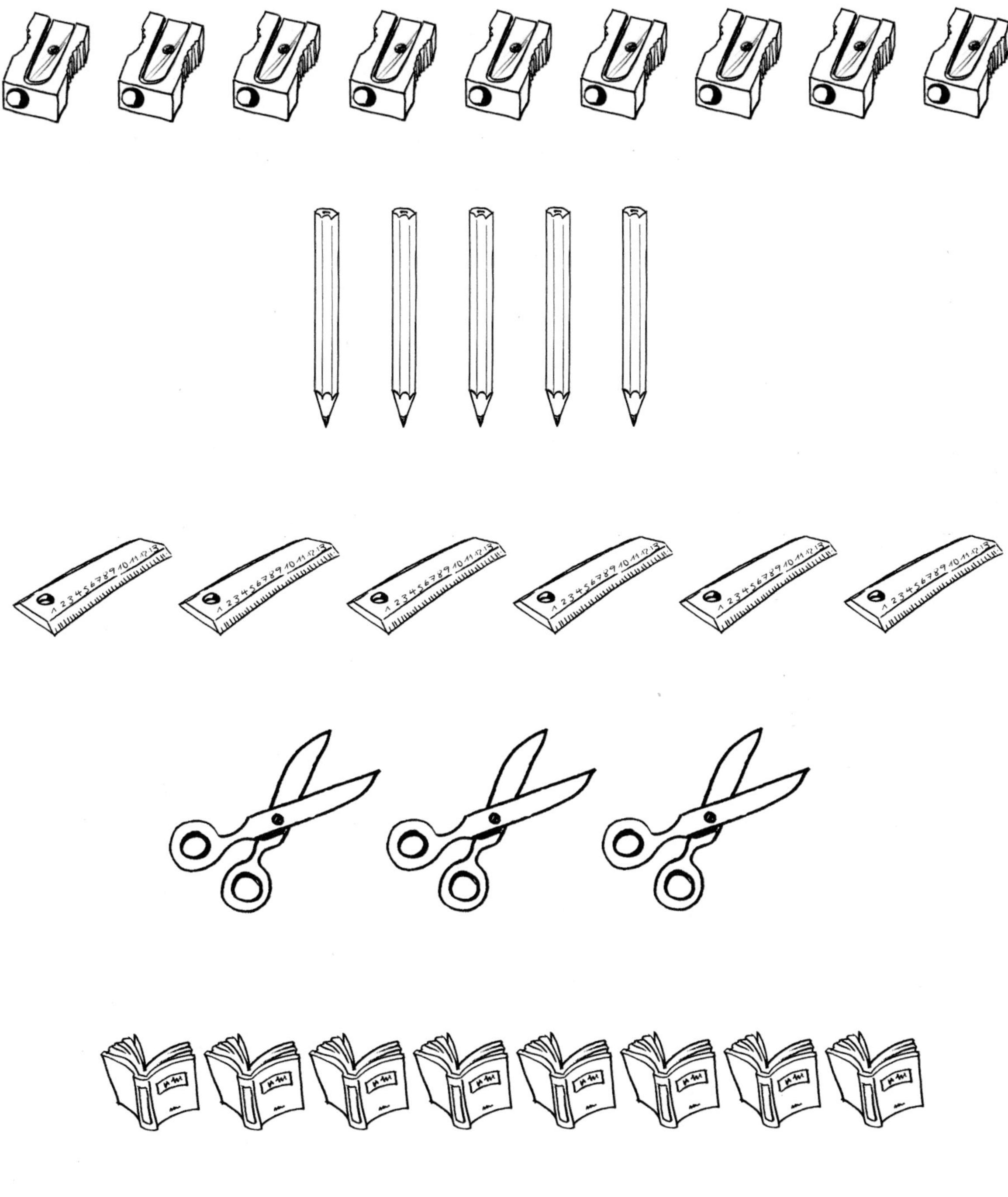

3	5	9	8	6

Entwicklung des Zahlbegriffs/Zahldarstellung

Netze füllen

Kreise ein.

3

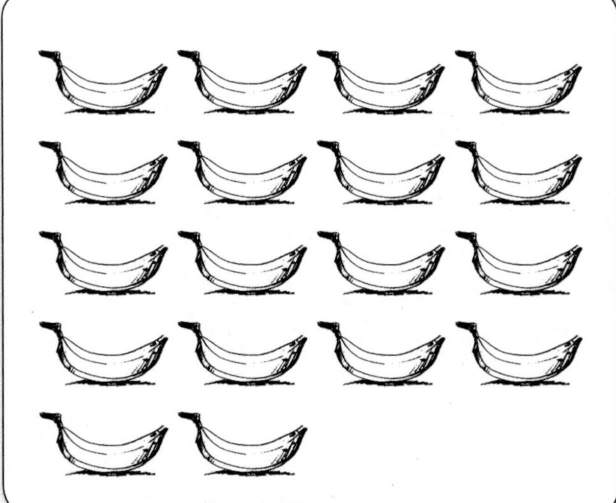

2

4

Station 4

Entwicklung des Zahlbegriffs/Zahldarstellung

Seifenblasen einkreisen

Kreise ein.

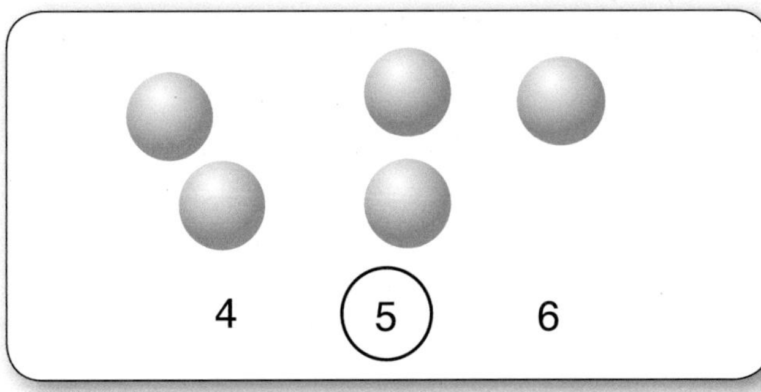

4 (5) 6

1 2 3

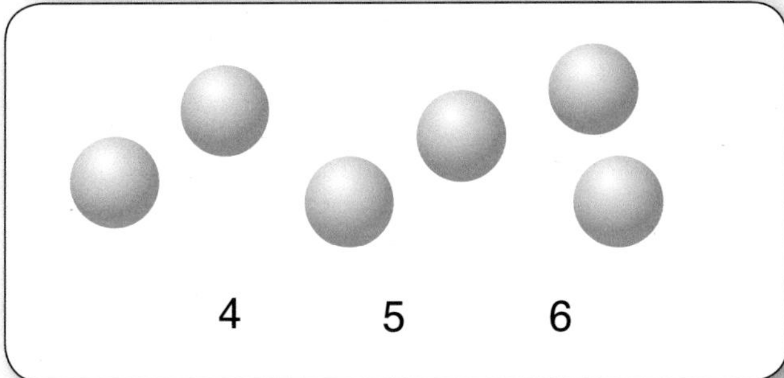

4 5 6

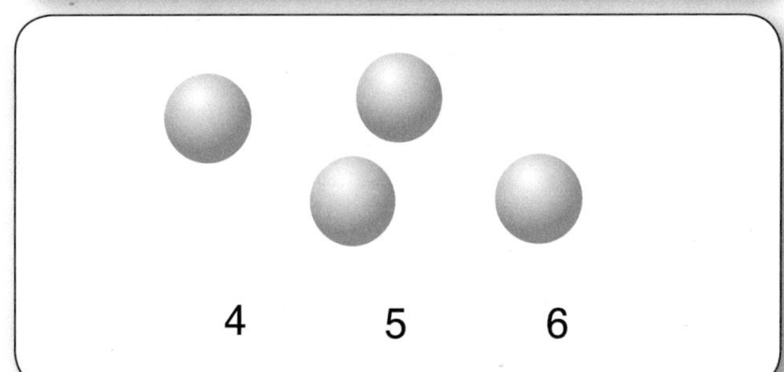

4 5 6

Male.

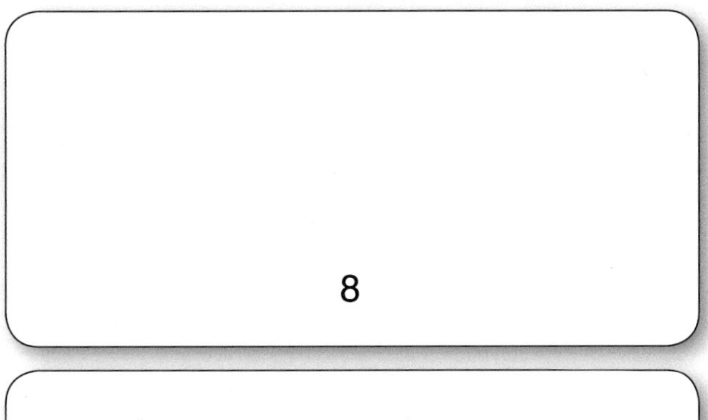

8

10

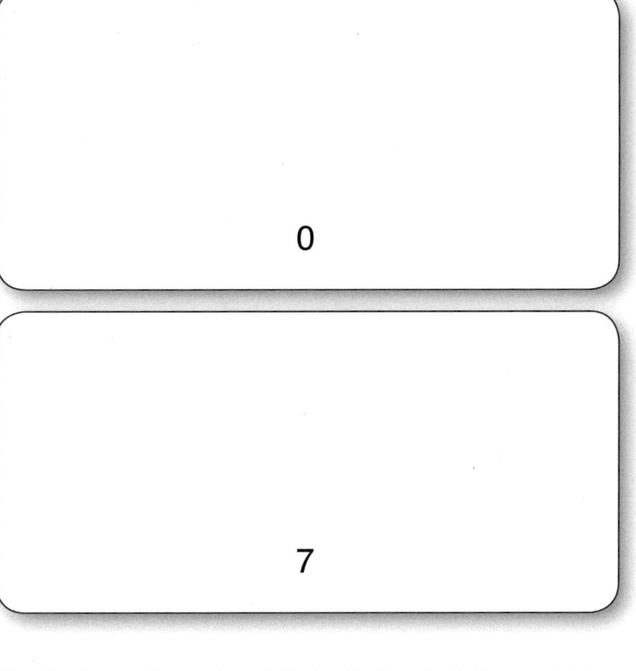

0

5

7

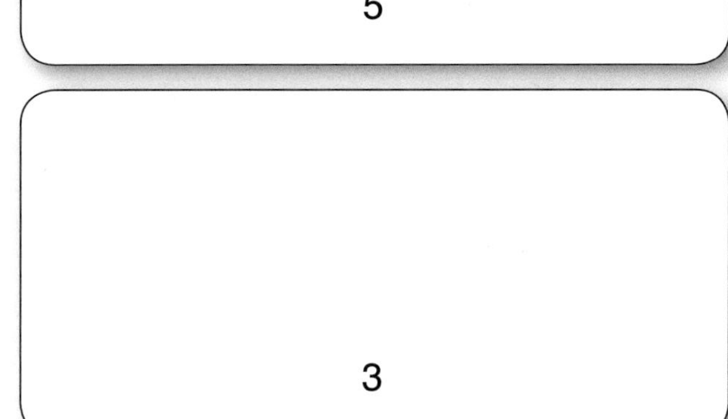

3

Entwicklung des Zahlbegriffs/Zahldarstellung

Seifenblasenalarm

Wie viele sind es?
Trage in die Stellentafel ein.

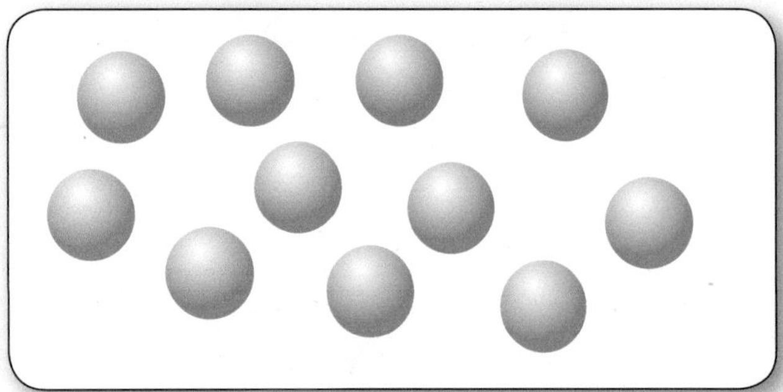

Z	E

Z	E

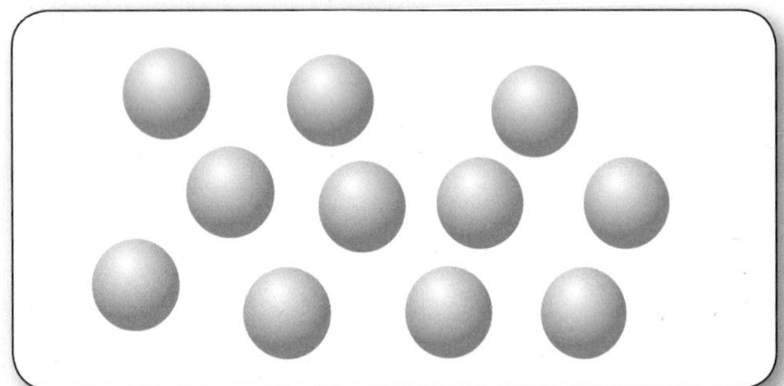

Z	E

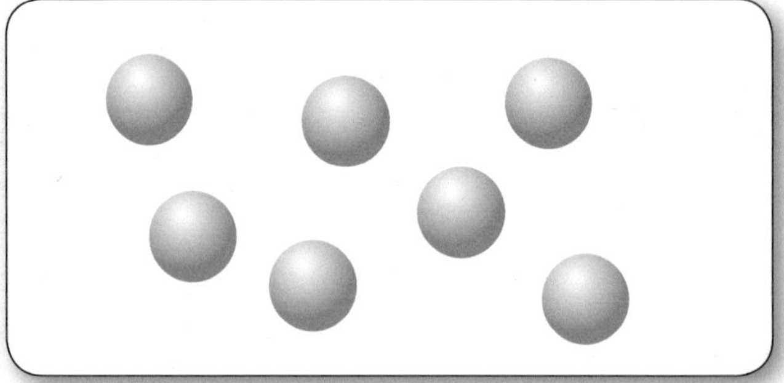

Z	E

Z	E

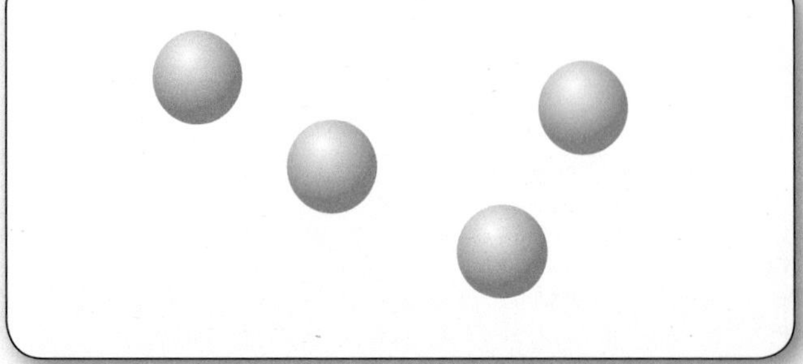

Z	E

Entwicklung des Zahlbegriffs/Zahldarstellung

Steckwürfeltürme

Wie viele sind es?
Schreibe die Zahl unter das Bild.

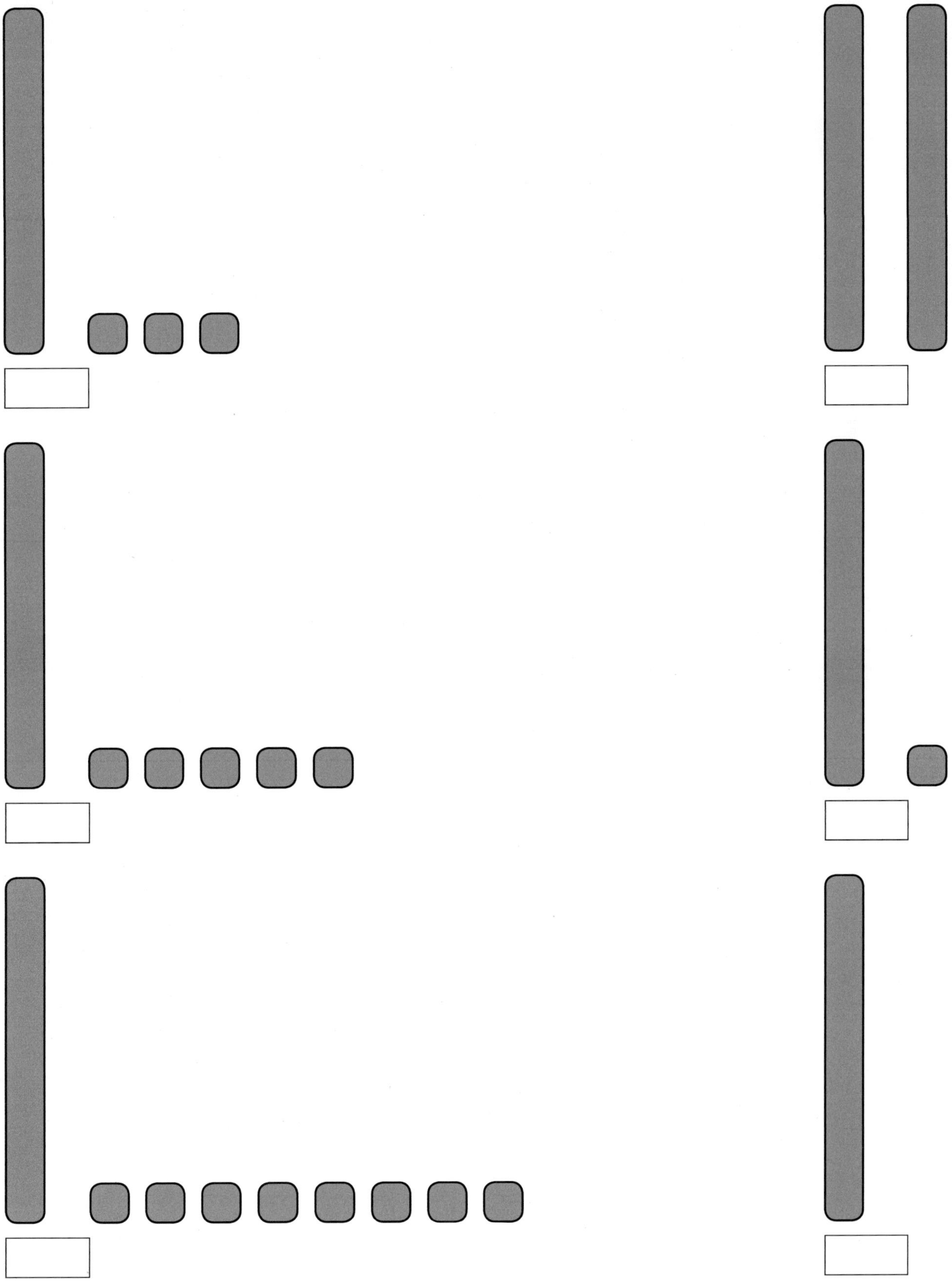

Station 7

Entwicklung des Zahlbegriffs/Zahldarstellung

So viele Möglichkeiten

Stelle die Zahl auf unterschiedliche Weise dar.
Trage ein.

Zahl	Zwanzigerfeld	Zahlenturm	Strichliste
5	●●●●● ○○○○○ ○○○○○ ○○○○○	■ ■ ■ ■ ■	𝍸
12			
			𝍸 ||||
9			
		■ ■ ■	

Addition im Zehnerraum

Mal mehr, mal weniger

Zeichne!

– 2		+ 2

– 3		+ 3

Addition im Zehnerraum

Wie viele Finger fehlen?

Schreibe die fehlende Zahl in die Kästchen.

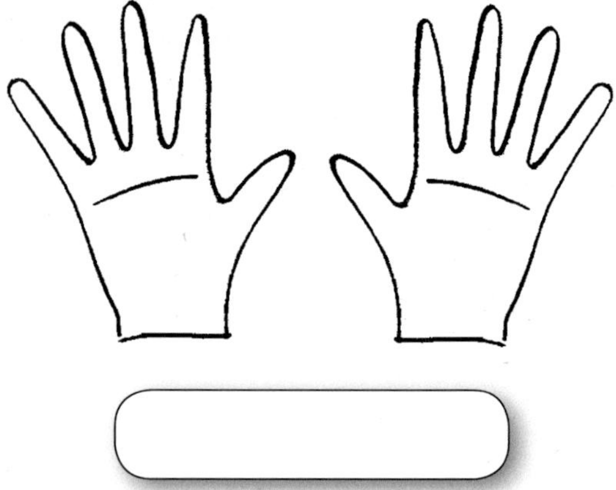

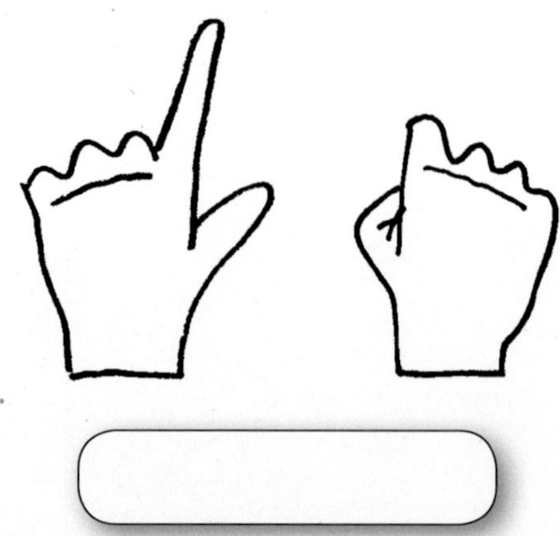

Addition im Zehnerraum

Wie viele Plättchen fehlen?

Ergänze.

○○○○○ ○○○ 2 + ____ = 8	○○○○○ ○○○○○ 7 + ____ = 10	○○○○○ ○○ 3 + ____ = 7
○○○○○ ○○○○ 5 + ____ = 9	○○○○○ ○ 3 + ____ = 6	○○○○○ ○○○ 4 + ____ = 8
○○○○○ ○○○○○ 4 + ____ = 10	○○○○○ ○ 5 + ____ = 6	○○○○○ ○○ 6 + ____ = 7
○○○○○ ○○ 2 + ____ = 7	○○○○○ ○○○○ 3 + ____ = 9	○○○○ 2 + ____ = 4
○○○○○ ○○○ 1 + ____ = 8	○○○○○ 2 + ____ = 5	○○○○○ ○○○○○ 5 + ____ = 10

Addition im Zehnerraum

Immer 10

Kreise in jeder Reihe die Zahlen ein, die zusammen 10 ergeben.

6	4	2	9
1	5	5	4
8	7	2	1
3	8	5	7

0	4	2	10
1	9	5	4
3	7	2	1
2	8	5	6

Addition im Zehnerraum

Drillingssterne

Wie viele Rechnungen kannst du finden?
Schreibe die Rechnungen auf.

7 2

6 3

5 8

9 5

Rechenbäume

Ergänze die fehlenden Kugeln und male sie auf die rechte Seite!
Es müssen immer 10 sein!

10
9
8
7
6
5
4
● 3
● 2
● 1

10
9
8
7
● 6
● 5
● 4
● 3
● 2
● 1

10
9
● 8
● 7
● 6
● 5
● 4
● 3
● 2
● 1

10
9
8
7
6
● 5
● 4
● 3
● 2
● 1

10
9
8
7
6
5
4
3
2
● 1

10
9
8
● 7
● 6
● 5
● 4
● 3
● 2
● 1

10
9
8
7
6
5
● 4
● 3
● 2
● 1

10
9
8
7
6
5
4
3
● 2
● 1

10
● 9
● 8
● 7
● 6
● 5
● 4
● 3
● 2
● 1

Addition im Zehnerraum

Plättchen ergänzen

Male so viele Plättchen an, wie in der Reihe vorgegeben sind.
Ergänze dann auf 10.

4	○○○○○ ○○○○○	4 + __ = 10
2	○○○○○ ○○○○○	2 + __ = 10
5	○○○○○ ○○○○○	
9	○○○○○ ○○○○○	
7	○○○○○ ○○○○○	
6	○○○○○ ○○○○○	
3	○○○○○ ○○○○○	
10	○○○○○ ○○○○○	

Addition im Zehnerraum

Eierkartons

Packe immer 10 Eier in den Eierkarton.

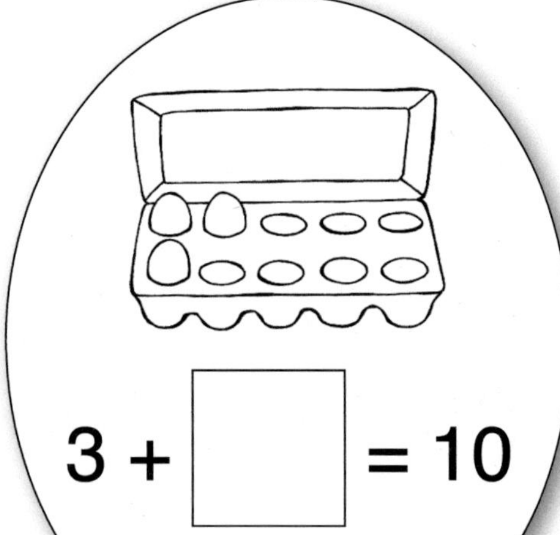

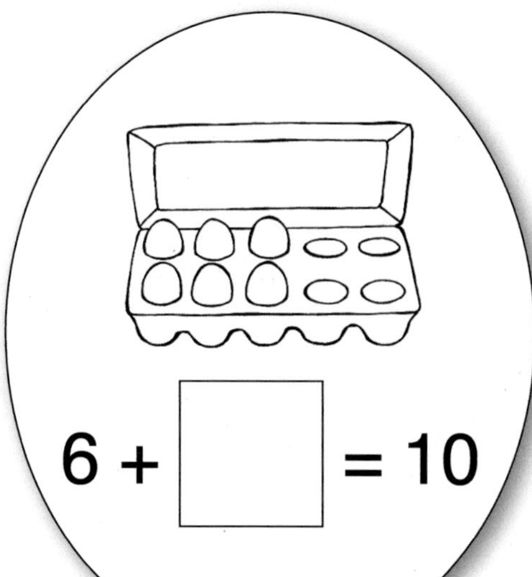

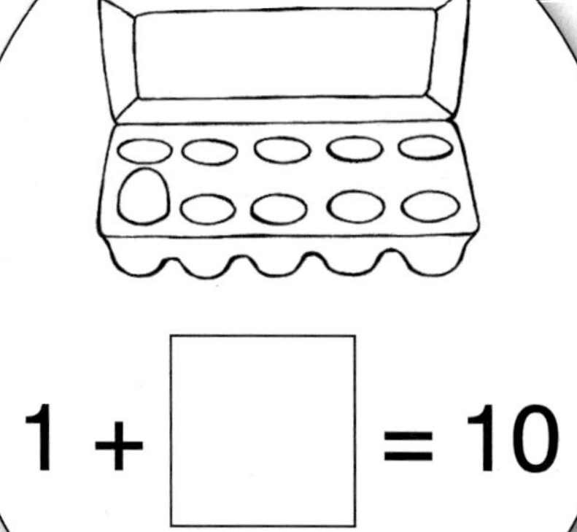

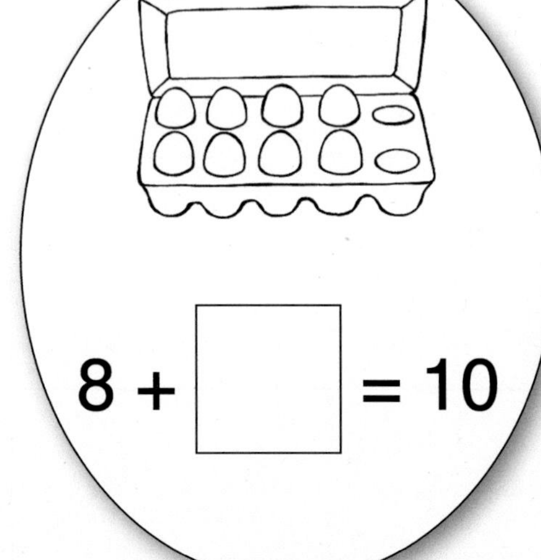

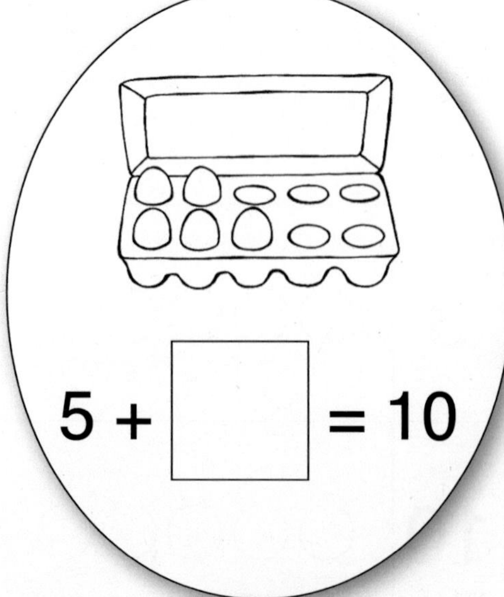

Addition im Zehnerraum

Vierfeldertafel

1. **Lege in die 4 Felder Wendeplättchen. In die Quadrate zwischen den Feldern schreibst du die Summe der Plättchen in den beiden sich berührenden Nachbarfeldern.**

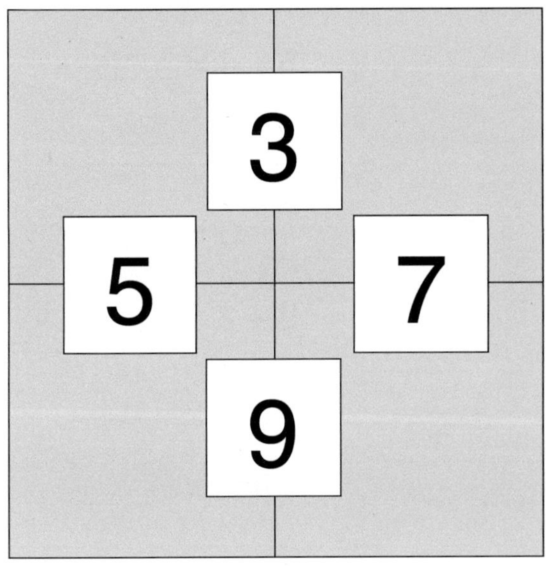

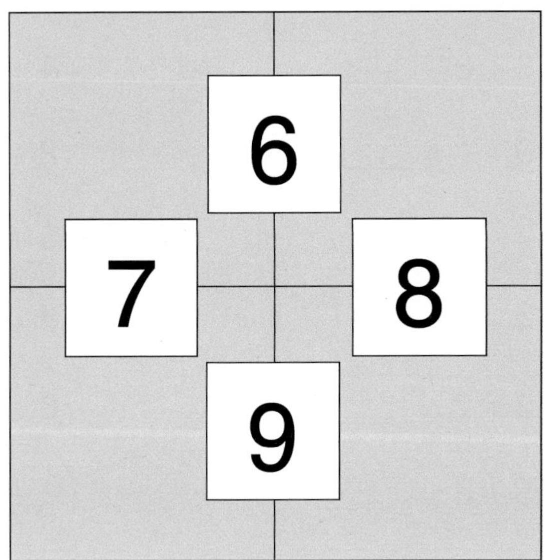

2. **Nun mache das Ganze ohne Plättchen.**

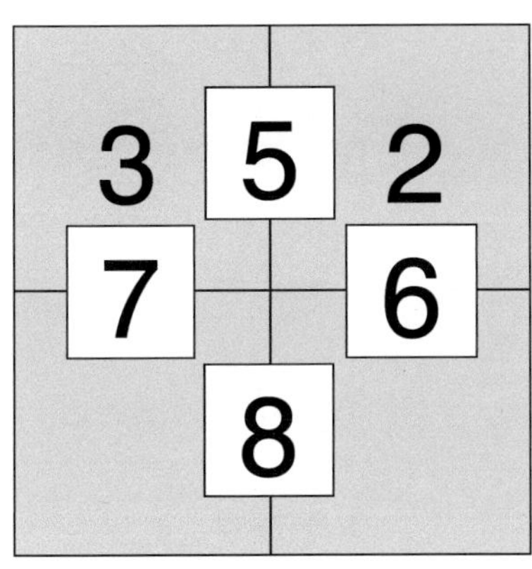

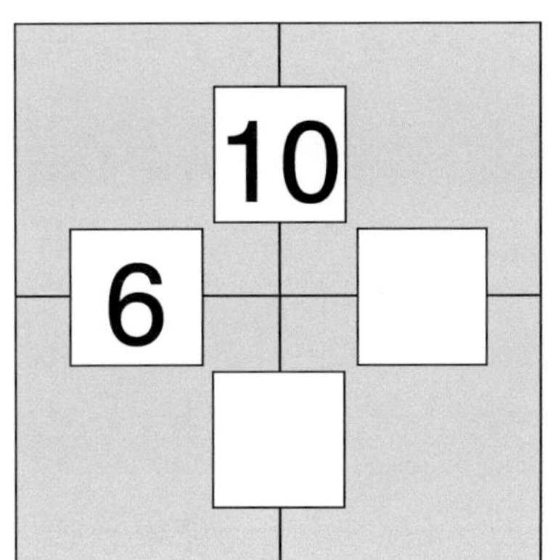

3. **Denke dir selbst eine Vierfeldertafel aus.**

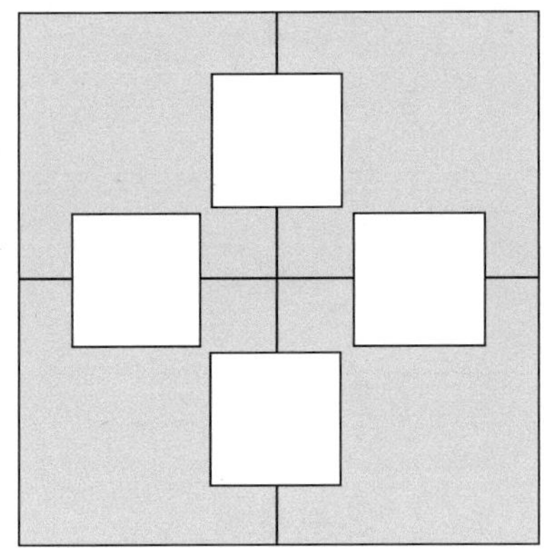

Zehnminuten-Blitzrechnen

Rechne.

7 + 3 = ____	8 + 1 = ____	3 + 1 = ____
6 + 2 = ____	4 + 4 = ____	5 + 4 = ____
9 + 1 = ____	2 + 4 = ____	7 + 2 = ____
7 + 2 = ____	5 + 1 = ____	4 + 3 = ____
4 + 3 = ____	4 + 6 = ____	3 + 2 = ____
3 + 2 = ____	6 + 3 = ____	5 + 3 = ____
5 + 3 = ____	1 + 4 = ____	1 + 2 = ____
6 + 4 = ____	5 + 4 = ____	8 + 2 = ____
8 + 2 = ____	6 + 2 = ____	1 + 1 = ____
4 + 3 = ____	7 + 1 = ____	3 + 1 = ____
3 + 1 = ____	6 + 1 = ____	5 + 5 = ____
5 + 5 = ____	3 + 3 = ____	2 + 2 = ____
2 + 2 = ____	3 + 7 = ____	1 + 9 = ____
1 + 9 = ____	2 + 5 = ____	1 + 8 = ____
1 + 8 = ____	4 + 2 = ____	2 + 7 = ____
2 + 7 = ____	1 + 5 = ____	3 + 4 = ____
3 + 4 = ____	6 + 4 = ____	2 + 3 = ____
2 + 3 = ____	4 + 6 = ____	3 + 5 = ____
3 + 5 = ____	4 + 1 = ____	2 + 1 = ____
3 + 3 = ____	4 + 5 = ____	2 + 8 = ____

Station 1/1

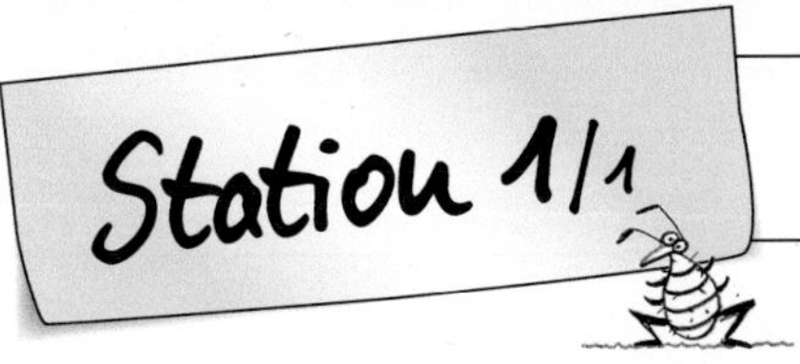

Zahlzerlegung

Zahlen mit der Schüttelbox zerlegen

Trage die Zahlen ein und finde die Plusaufgaben.

6	6	6	6
+	+	+	+

7	7	7	7

5	5	5	5

Station 1/2

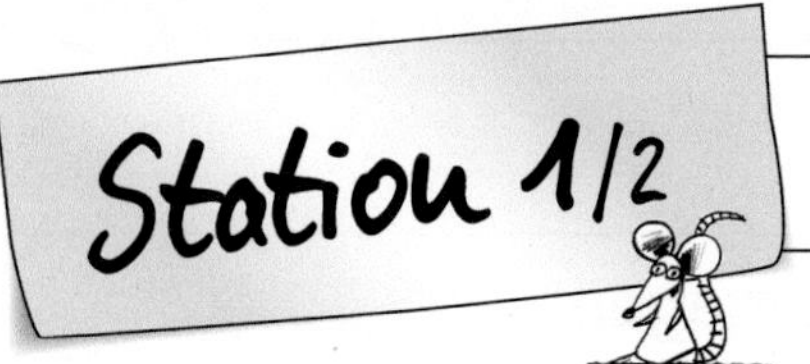

Zahlzerlegung

Zahlen mit der Schüttelbox zerlegen

Trage die Zahlen ein und finde die Plusaufgaben.

8	8	8	8	8	8

9	9	9	9	9	9

10	10	10	10	10	10

Station 2

Zahlzerlegung

Plättchenwerfen

Nimm dir 7 Wendeplättchen und einen Becher.
Finde möglichst viele Zerlegungen der 7 und zeichne sie auf.

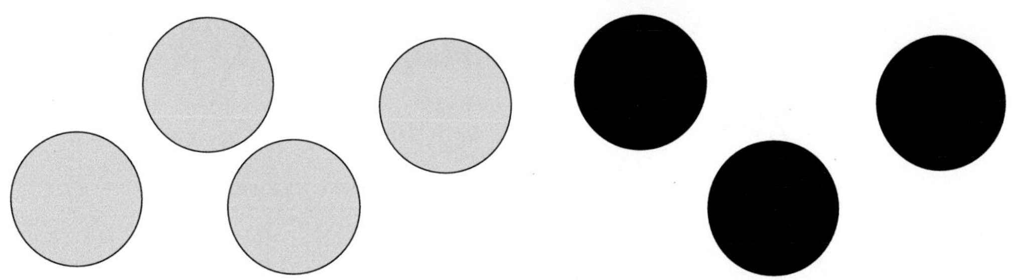

blau	rot		
○○○○	●●●	4	3

Kleine Zahlenhäuser

Rechne die Zahlenhäuser aus.
Trage die fehlenden Zahlen in die Häuser ein.

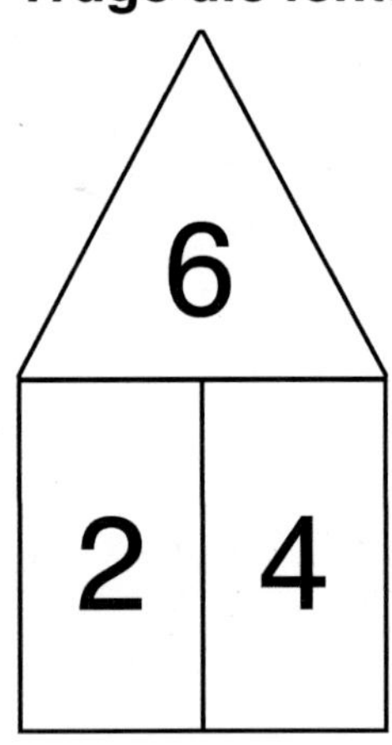

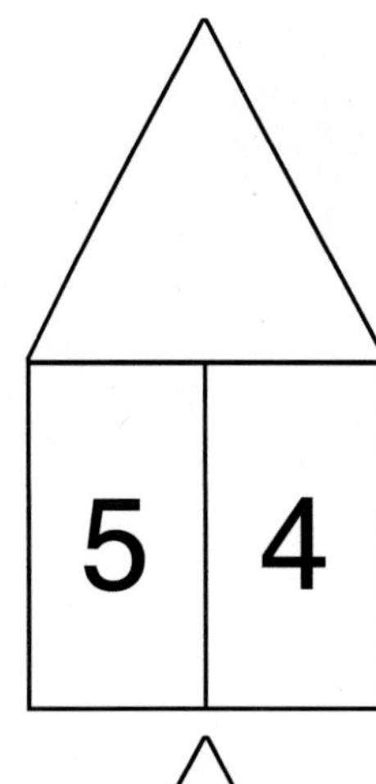

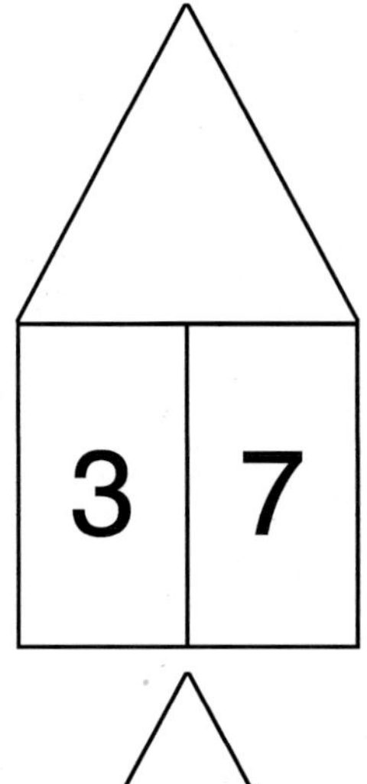

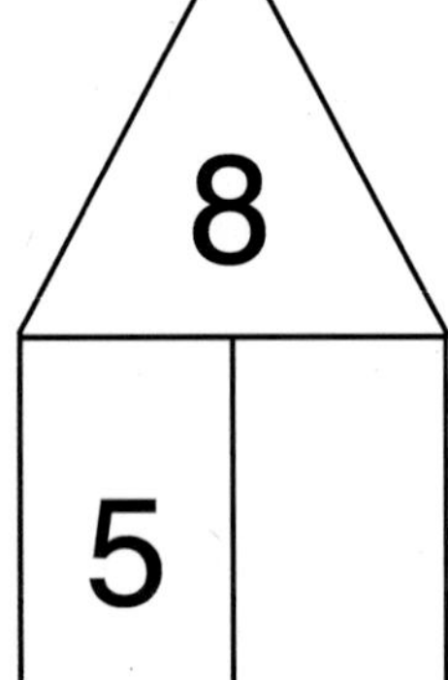

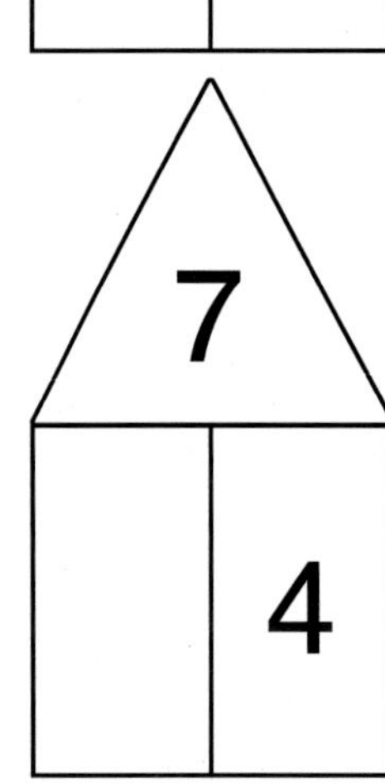

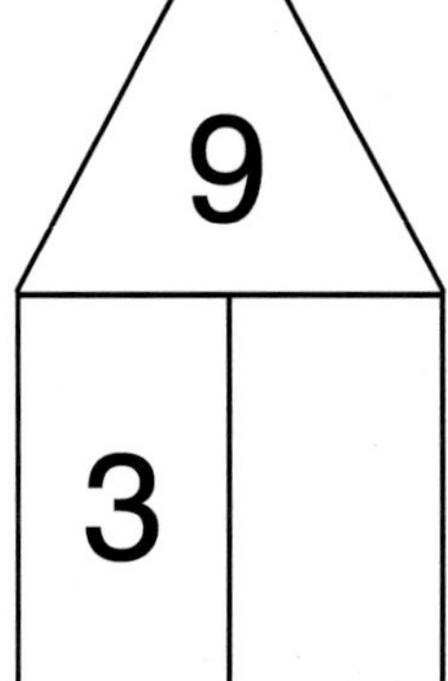

Jetzt bist du an der Reihe.
Denke dir deine eigenen Zahlenhäuser aus.

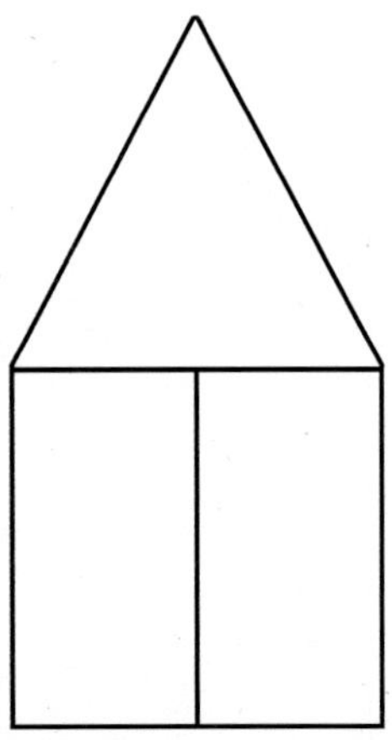

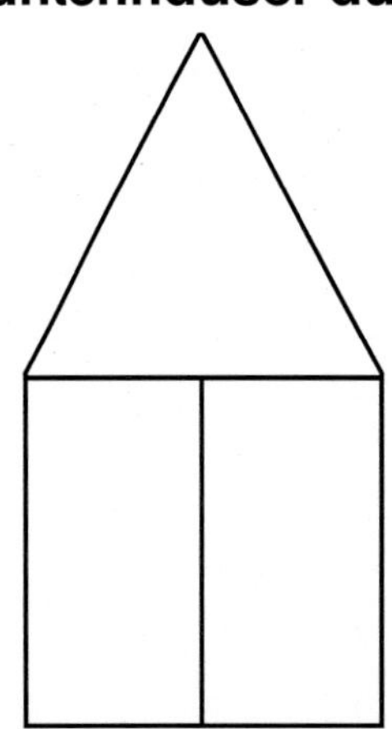

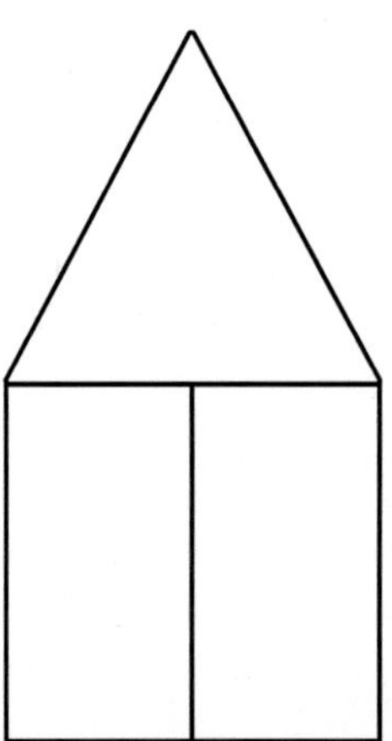

Falte dir ein eigenes Zahlenhaus.

1. Nimm dir ein DIN-A4-Papier und falte es.
2. Schneide an der offenen Seite ein Dreieck als Dach ab.
3. Schreibe eine Dachzahl in den Dachboden.
4. Erfinde nun dein eigenes Zahlenhaus.

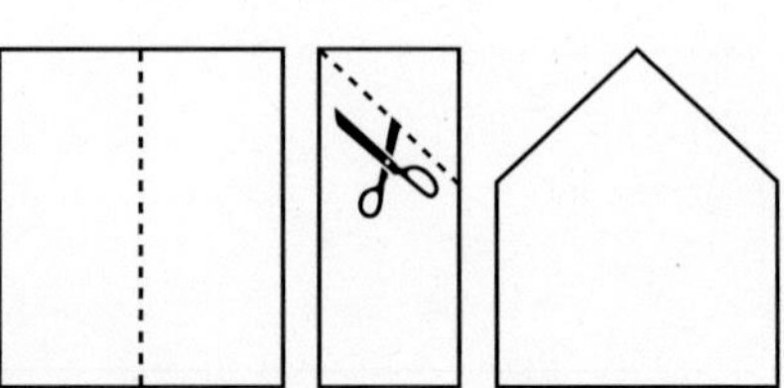

Zahlzerlegung

Freundschaftssuche

Suche die passenden Freunde.
Verbinde sie miteinander.

8

1

6

3

4

2

7

4

5

Station 5

Zahlzerlegung

3-Fach-Schüttelbox

Finde möglichst viele Aufgaben.

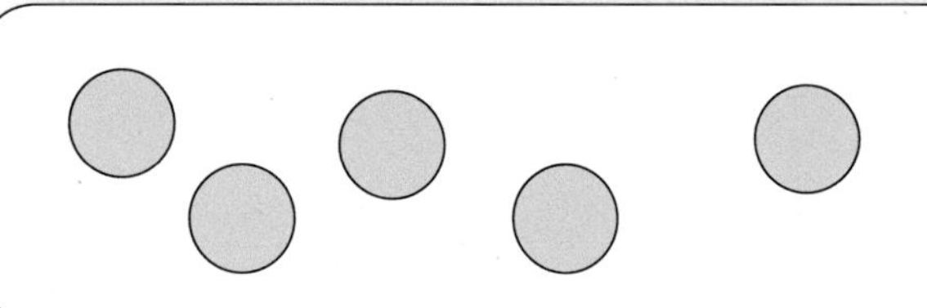

5

___ + ___ + ___ = 5

___ + ___ + ___ = 5

___ + ___ + ___ = 5

___ + ___ + ___ = 5

___ + ___ + ___ = 5

___ + ___ + ___ = 5

___ + ___ + ___ = 5

___ + ___ + ___ = 5

___ + ___ + ___ = 5

___ + ___ + ___ = 5

___ + ___ + ___ = 5

___ + ___ + ___ = 5

___ + ___ + ___ = 5

___ + ___ + ___ = 5

___ + ___ + ___ = 5

___ + ___ + ___ = 5

Verschwundene Freunde

Welcher Freund fehlt?
Ergänze.

10 / 6

/ 3

/ 5

/ 4

8 /

7 /

/

/ 6

7 /

9 /

/

10 /

/ 8

/ 3

Addition im Zwanzigerraum

Rechnen und malen

Male und rechne.

7 + 3 = ☐

6 + 7 = ☐

8 + 3 = ☐

9 + 7 = ☐

7 + 7 = ☐

5 + 8 = ☐

\+ = ☐

\+ = ☐

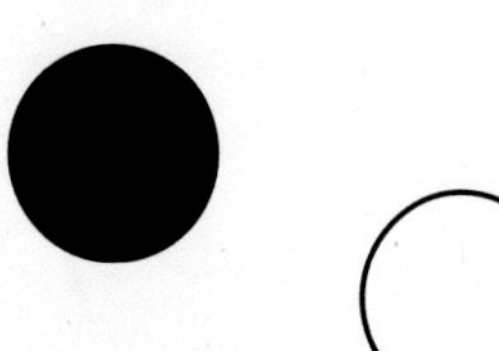

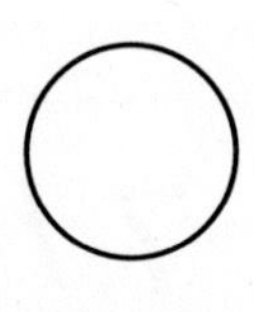

Addition im Zwanzigerraum

Perlenkette

Du musst mit Perlen eine Perlenkette basteln.
Bei jeder neuen Kette musst du jeweils zwei Perlen mehr auffädeln. Schreibe die Menge der Perlen auf, die du brauchst, und zeichne sie dann.

2	4	6	8						

Addition im Zwanzigerraum

Mache aus einer Aufgabe eine neue

Male die Zeichnungen fertig an.

aus 2 + 2 = ☐ mache 2 + 3 = ☐

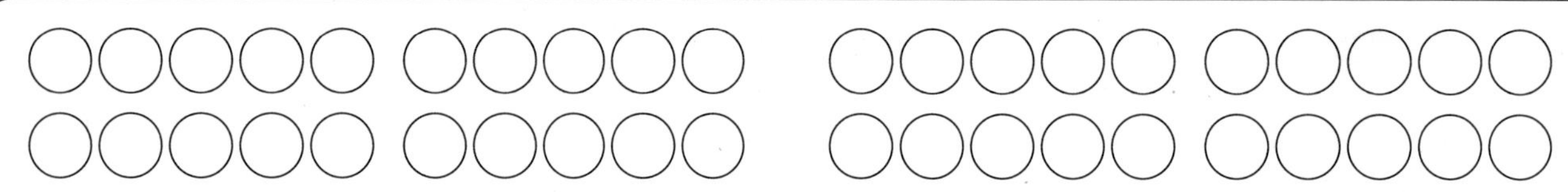

aus 6 + 6 = ☐ mache 6 + 7 = ☐

aus 8 + 8 = ☐ mache 8 + 9 = ☐

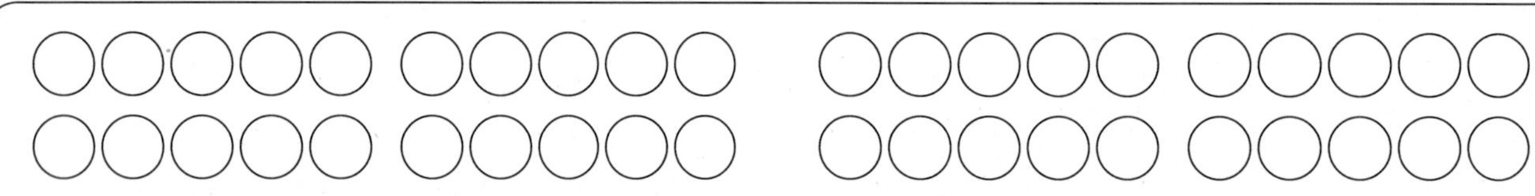

aus 7 + 7 = ☐ mache 7 + 8 = ☐

Was haben die Aufgaben gemeinsam?
Beschreibe.

____

____

____

Station 4

Addition im Zwanzigerraum

Rechnen in zwei Schritten

Rechne wie im Beispiel.
Fülle immer zuerst den Zehner auf.
Rechne dann weiter.

8 + 7 = 15

8 + 2 = 10
10 + 5 = 15

5 + 6 =

5 + = 10
10 + =

9 + 8 =

+ =
+ =

3 + 9 =

+ =
+ =

8 + 5 =

+ =
+ =

7 + 7 =

+ =
+ =

5 + 7 =

+ =
+ =

9 + 6 =

+ =
+ =

8 + 4 =

+ =
+ =

6 + 8 =

+ =
+ =

9 + 5 =

+ =
+ =

6 + 7 =

+ =
+ =

Rechenbienen

Addiere die Zahlen.

Addition im Zwanzigerraum

Rechenmaschinen

Finde möglichst viele Aufgaben.

20

15

18

10

12

14

Addition im Zwanzigerraum

Muster im Zwanzigerfeld

Male Muster und schreibe dazu Aufgaben.

Addition im Zwanzigerraum

Schöne Aufgaben

Trage in die Tabelle ein.

+	0	1	2	3	4	5	6	7	8	9	10
0											
1											
2											
3											
4											
5											
6											
7											
8											
9											
10											

Addition im Zwanzigerraum

Känguru-Sprünge

Wie weit ist das Känguru gesprungen?
Trage die Sprünge ein.

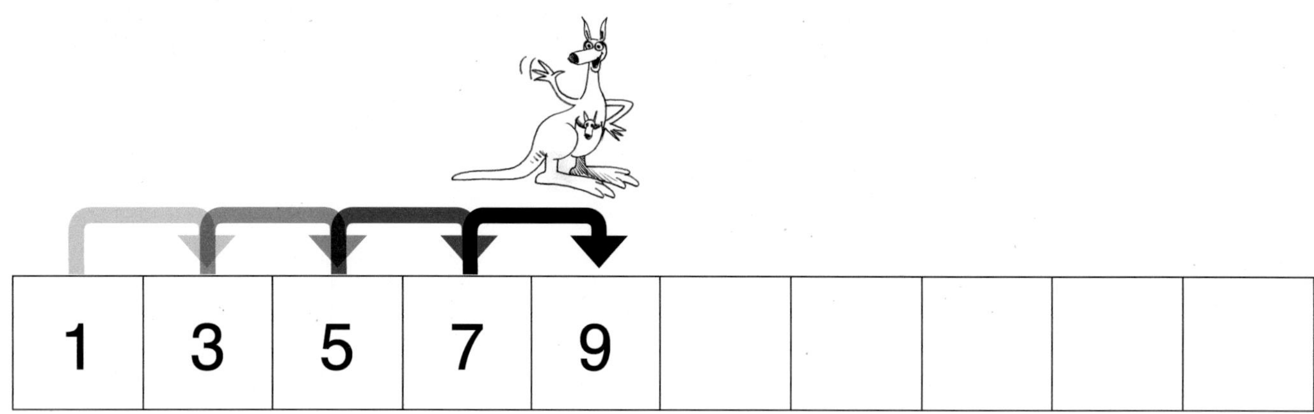

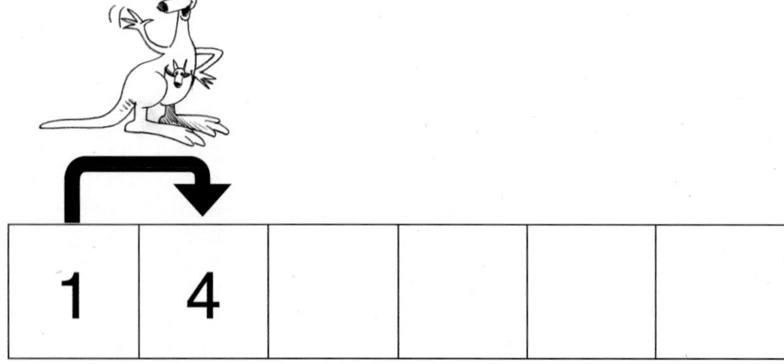

Addition im Zwanzigerraum

Rechen-Türmchen

Ergänze.

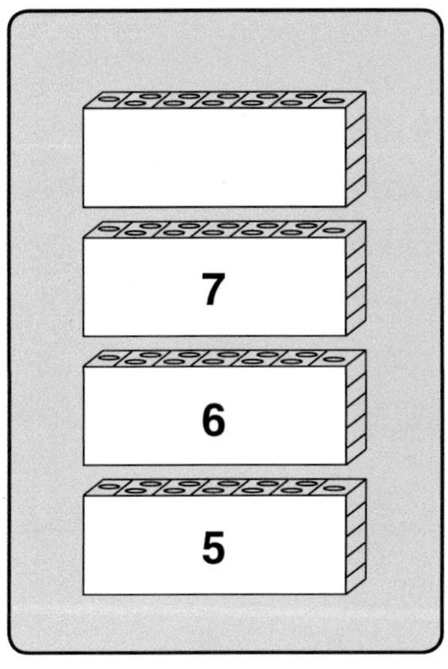

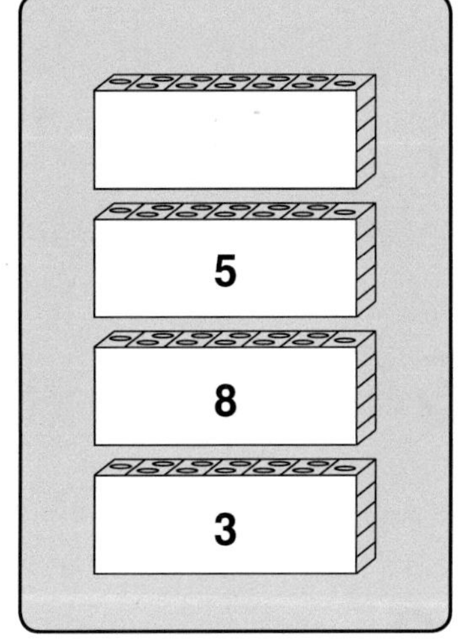

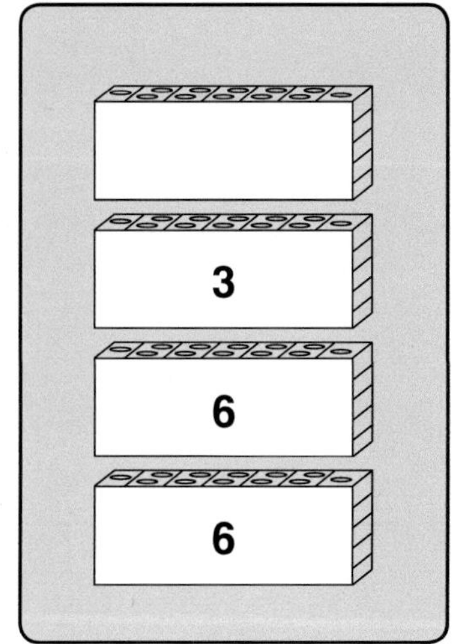

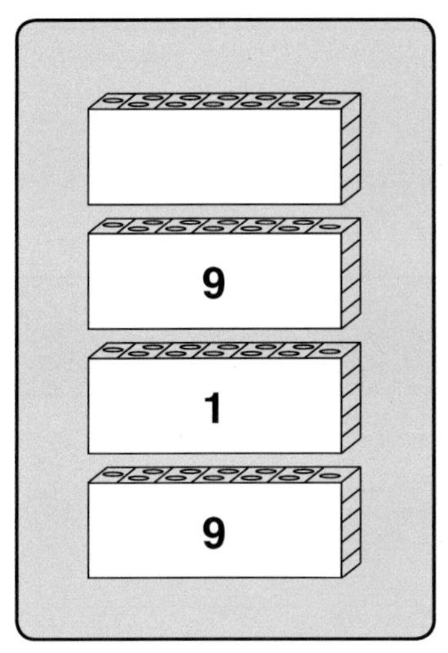

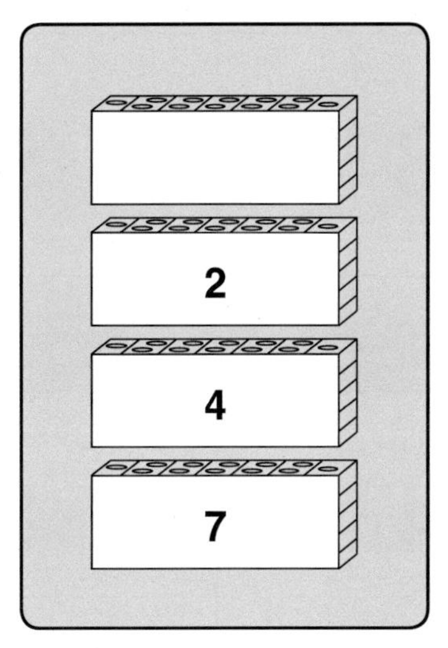

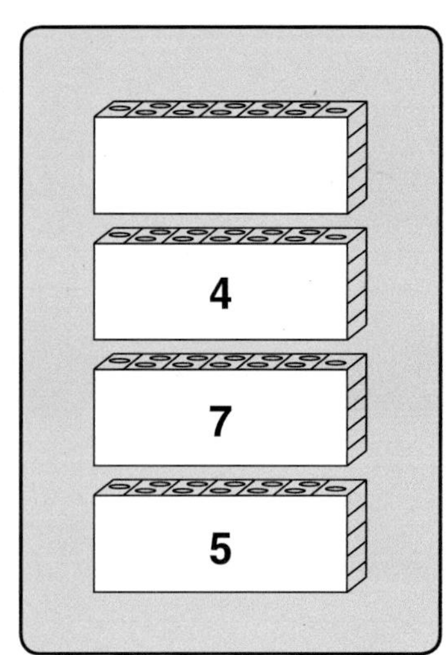

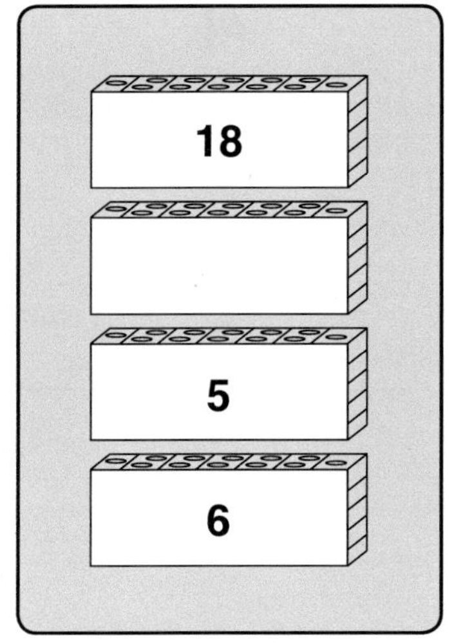

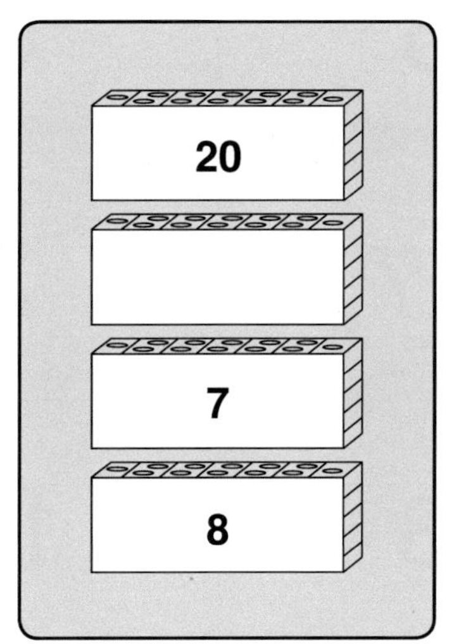

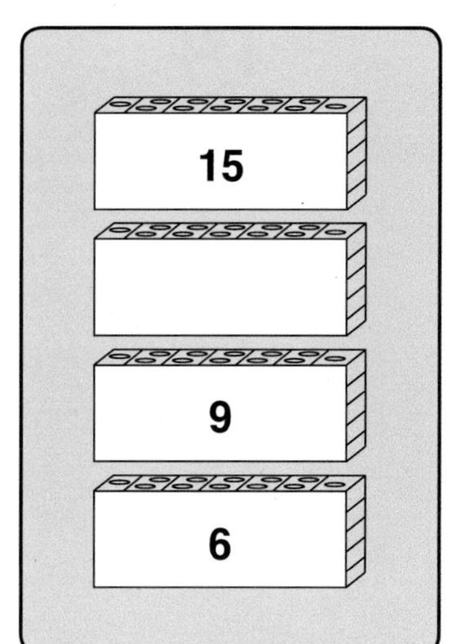

Addition im Zwanzigerraum

Immer 20

Kreise in jeder Reihe die Zahlen ein, die zusammen 20 ergeben.

10	4	12	10
15	5	5	14
8	16	5	4
11	8	9	7

12	4	8	9
14	5	6	4
3	17	2	1
3	8	13	7

Addition im Zwanzigerraum

Pfeilrechnen

Ordne die Zahlen so an, dass du auf die vorgegebene Summe kommst.

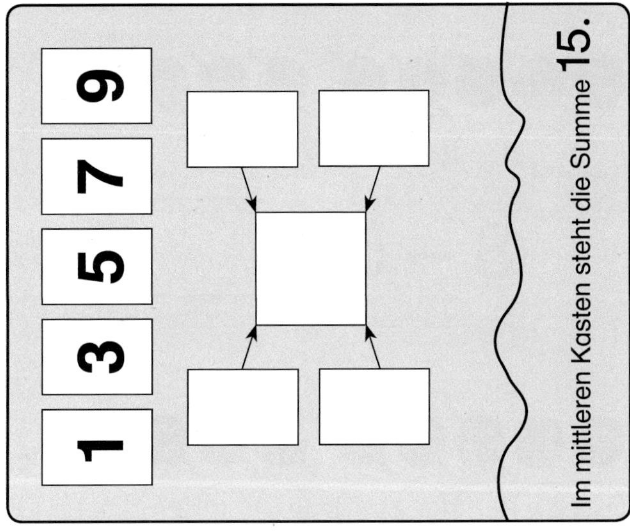

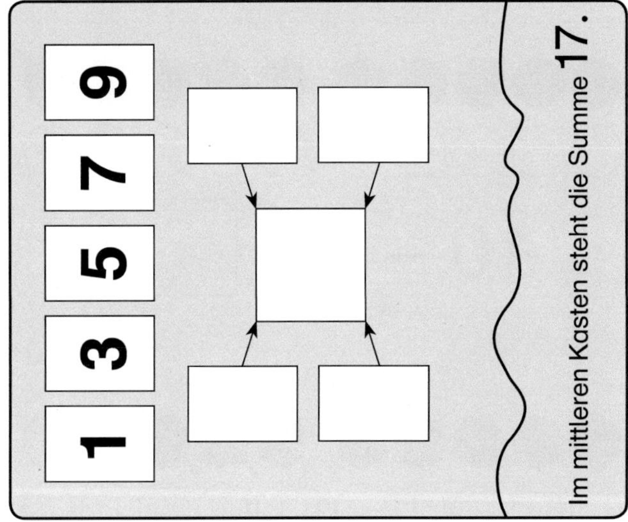

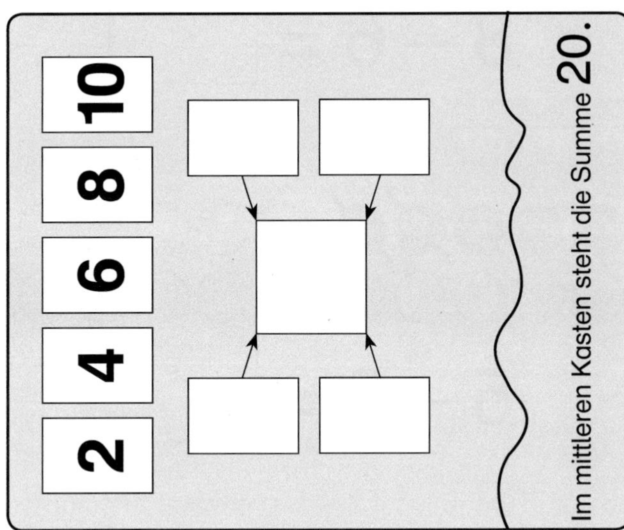

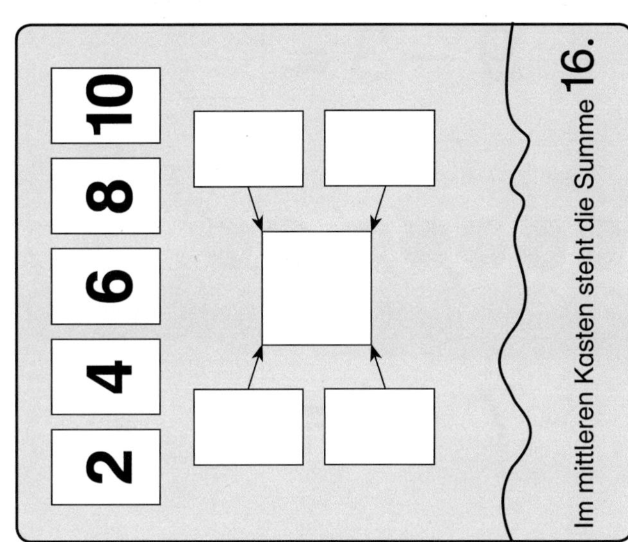

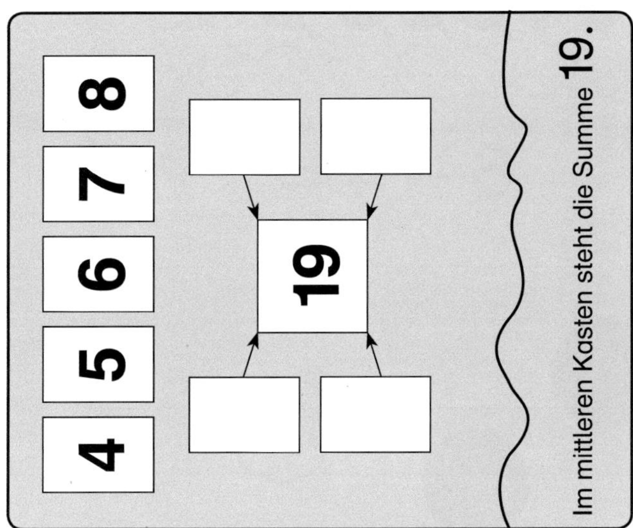

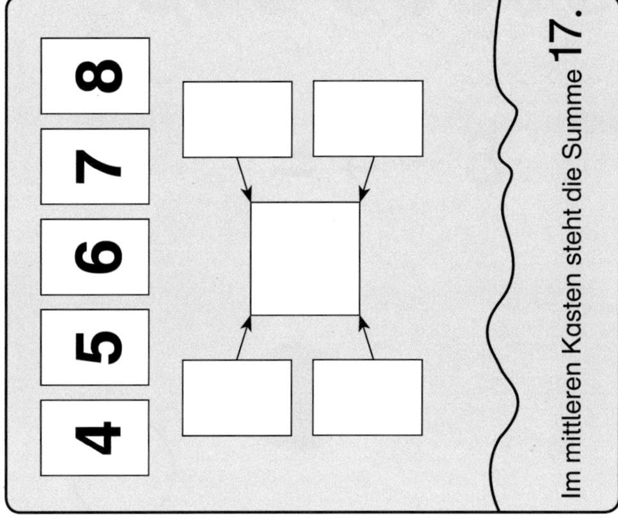

Subtraktion im Zehnerraum

Rechnen und malen

Schreibe die Aufgabe und male dazu.

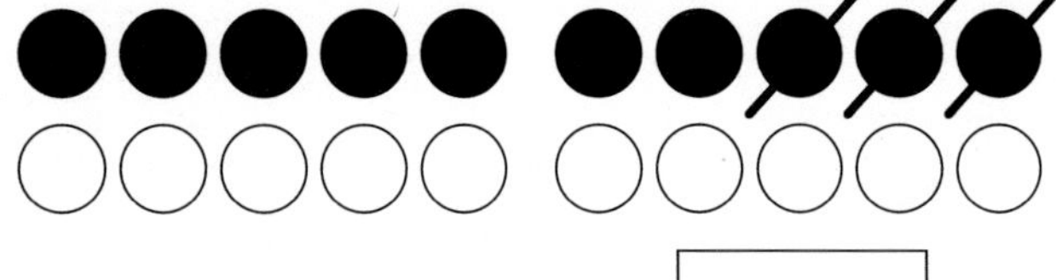

10 – 3 = ☐

8 – 5 = ☐

9 – 3 = ☐

8 – 6 = ☐

7 – 4 = ☐

5 – 3 = ☐

8 – 4 = ☐

6 – 4 = ☐

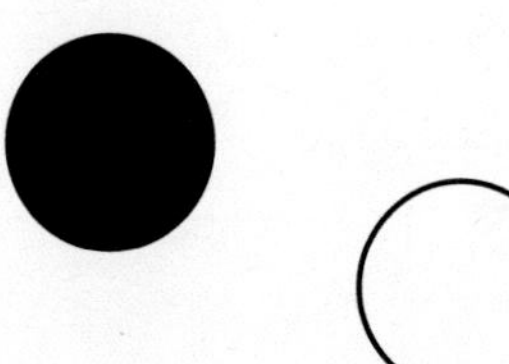

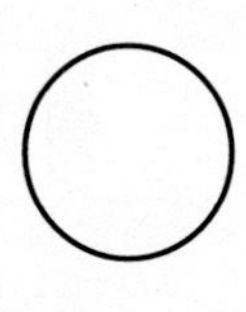

Subtraktion im Zehnerraum

Hex, hex

Schreibe die passende Rechnung unter die Bilder.

_______ – _______ = _______

_______ – _______ = _______

_______ – _______ = _______

Subtraktion im Zehnerraum

Äpfel-Aufgaben

10 – 1 = 9,   denn 9 + 1 = 10

10 – 2 = ____,   denn ____ + 2 = 10

10 – 6 = ____,   denn ____ + 6 = 10

10 – 3 = ____,   denn ____ + 3 = 10

Subtraktion im Zehnerraum

Wegnehmen

5 – 2 = ____

____ – ____ = ____

____ – ____ = ____

____ – ____ = ____

Denke dir eine eigene Aufgabe aus:

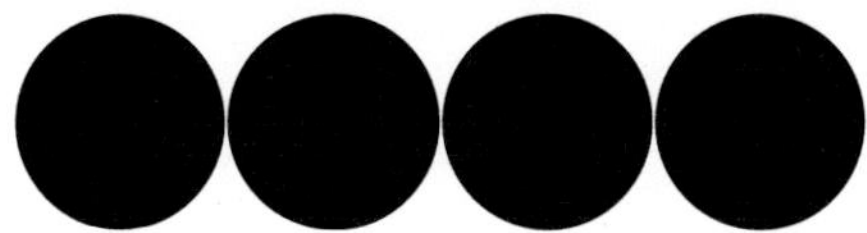

____ – ____ = ____

____ – ____ = ____

9 – 5 = ____

3 – 1 = ____

7 – 2 = ____

6 – 3 = ____

4 – 4 = ____

8 – 1 = ____

9 – 6 = ____

5 – 2 = ____

6 – 2 = ____

8 – 6 = ____

Subtraktion im Zehnerraum

Minusketten

Rechne.

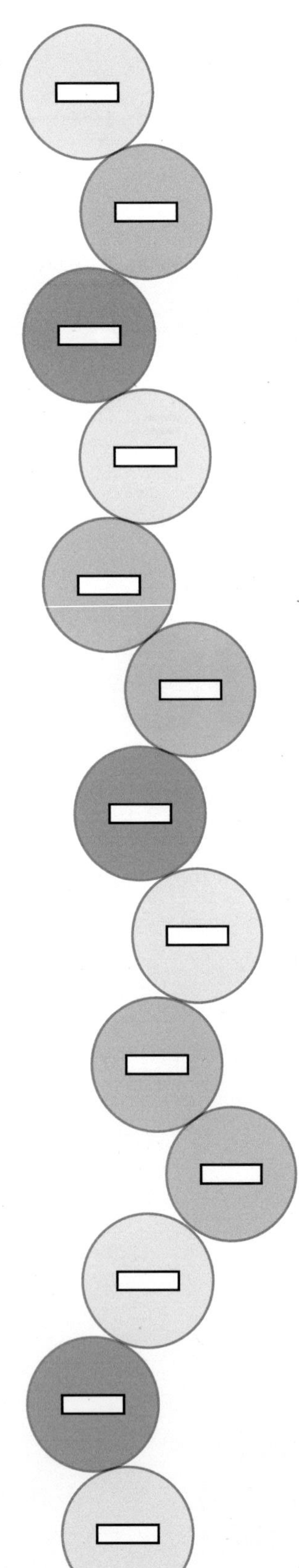

10 − 2 − 3 =

8 − 4 − 1 =

9 − 3 − 6 =

10 − 5 − 1 =

7 − 2 − 1 =

6 − 3 − 1 =

7 − 4 − 2 =

8 − 5 − 1 =

9 − 7 − 2 =

Subtraktion im Zehnerraum

Ganz logisch, oder?

Setze die Reihe fort.
Was fällt dir auf?

7 – 1 = ____
6 – 1 = ____
5 – 1 = ____
4 – 1 = ____
3 – 1 = ____
2 – 1 = ____
1 – 1 = ____

7 – 4 = ____
6 – 4 = ____
5 – 4 = ____
4 – 4 = ____
– = ____
– = ____
– = ____

8 – 2 = ____
7 – 2 = ____
6 – 2 = ____
5 – 2 = ____
4 – 2 = ____
3 – 2 = ____
2 – 2 = ____

10 – 5 = ____
9 – 5 = ____
8 – 5 = ____
7 – 5 = ____
6 – 5 = ____
5 – 5 = ____
– = ____

Subtraktion im Zehnerraum

Umkehraufgaben 1

Zeichne die Pfeile ein und rechne.

4 + 4 = ______

+4

0	1	2	3	4	5	6	7	8	9	10

– 4

8 – 4 = ______

6 + 1 = ______

0	1	2	3	4	5	6	7	8	9	10

7 – 1 = ______

5 + 3 = ______

0	1	2	3	4	5	6	7	8	9	10

8 – 3 = ______

3 + 4 = ______

0	1	2	3	4	5	6	7	8	9	10

7 – 4 = ______

7 + 3 = ______

0	1	2	3	4	5	6	7	8	9	10

10 – 3 = ______

2 + 6 = ______

0	1	2	3	4	5	6	7	8	9	10

8 – 6 = ______

3 + 5 = ______

0	1	2	3	4	5	6	7	8	9	10

8 – 5 = ______

7 + 2 = ______

0	1	2	3	4	5	6	7	8	9	10

9 – 2 = ______

Subtraktion im Zehnerraum

Umkehraufgaben 2

Rechne.

2 + ______ = ______

5 – ______ = ______

5 + ______ = ______

8 – ______ = ______

6 + ______ = ______

8 – ______ = ______

4 + ______ = ______

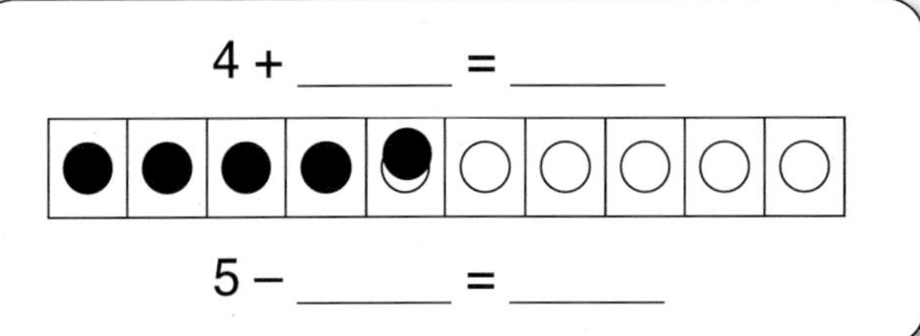

5 – ______ = ______

2 + ______ = ______

9 – ______ = ______

2 + ______ = ______

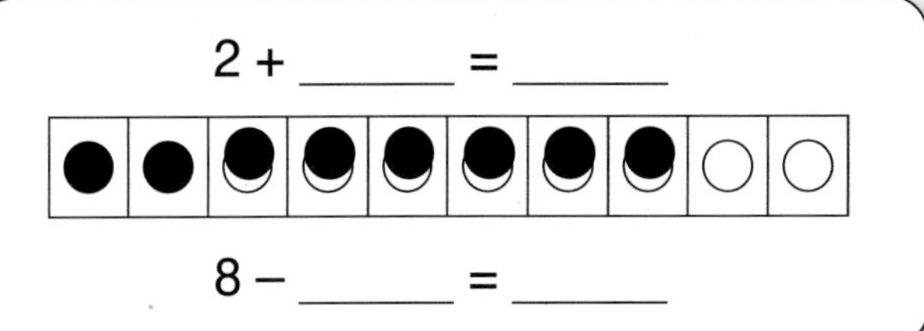

8 – ______ = ______

9 + ______ = ______

10 – ______ = ______

3 + ______ = ______

8 – ______ = ______

4 + ______ = ______

8 – ______ = ______

6 + ______ = ______

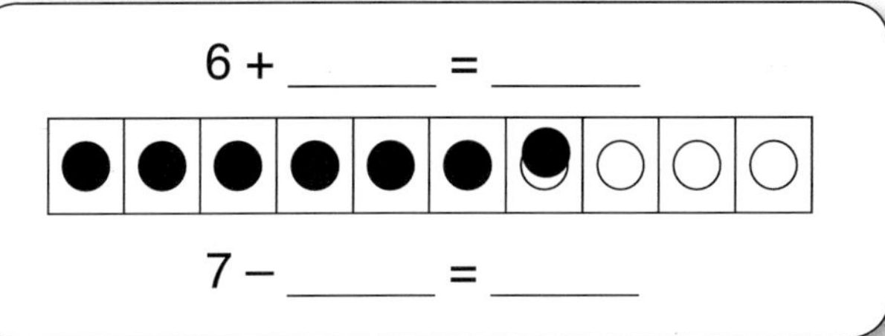

7 – ______ = ______

______ + ______ = ______

______ – ______ = ______

______ + ______ = ______

______ – ______ = ______

Station 8

Subtraktion im Zehnerraum

Zehnminuten-Blitzrechnen

Rechne.

5 – 4 = ____	6 – 3 = ____	7 – 2 = ____
8 – 8 = ____	7 – 4 = ____	8 – 1 = ____
5 – 2 = ____	8 – 5 = ____	4 – 2 = ____
3 – 1 = ____	3 – 2 = ____	4 – 3 = ____
6 – 4 = ____	9 – 4 = ____	9 – 2 = ____
9 – 5 = ____	2 – 1 = ____	6 – 5 = ____
7 – 6 = ____	4 – 1 = ____	5 – 3 = ____
10 – 6 = ____	7 – 1 = ____	8 – 7 = ____
6 – 3 = ____	6 – 2 = ____	7 – 5 = ____
9 – 8 = ____	8 – 2 = ____	6 – 1 = ____
8 – 6 = ____	9 – 7 = ____	8 – 4 = ____
9 – 1 = ____	8 – 3 = ____	5 – 4 = ____
9 – 3 = ____	10 – 4 = ____	3 – 2 = ____
2 – 1 = ____	6 –4 = ____	9 – 4 = ____
8 – 5 = ____	7 – 3 = ____	4 – 2 = ____
9 – 5 = ____	5 – 1 = ____	3 – 1 = ____
9 – 2 = ____	8 – 4 = ____	9 – 2 = ____
4 – 3 = ____	6 – 5 = ____	7 – 2 = ____
8 – 1 = ____	9 – 1 = ____	5 – 2 = ____
8 – 7 = ____	6 – 2 = ____	8 – 6 = ____

Subtraktion im Zwanzigerraum

Rechnen in zweiten Zehner

6 – 2 = ______ 16 – 2 = ______

5 – 5 = ______ 15 – 5 = ______

7 – 3 = ______ 17 – 3 = ______

4 – 2 = ______ 14 – 2 = ______

5 – 4 = ______ 15 – 4 = ______

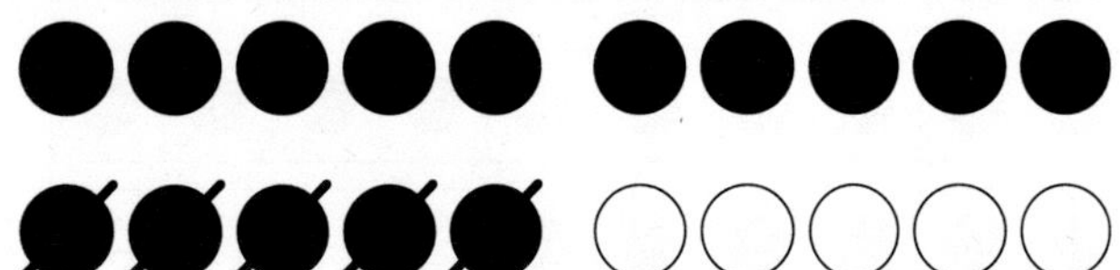

Subtraktion im Zwanzigerraum

Zur 10 hin

15 – _____ = 10

Jetzt du.

18 – _____ = 10

17 – _____ = 10

13 – _____ = 10

11 – _____ = 10

19 – _____ = 10

20 – _____ = 10

Britta Buschmann: Lernstationen inklusiv – Rechnen im Zahlenraum bis 20

Subtraktion im Zwanzigerraum

Aufgabenmuster

17 – 3 = ___
17 – 4 = ___
___ – ___ = ___
___ – ___ = ___

16 – 4 = ___
17 – 3 = ___
___ – ___ = ___
___ – ___ = ___

19 – 5 =
19 – 6 =
___ – ___ = ___
___ – ___ = ___

16 – 1 = ___
16 – 2 = ___
16 – 3 = ___
16 – 4 = ___
___ – ___ = ___
___ – ___ = ___

19 – 3 = ___
18 – 3 = ___
17 – 3 = ___
16 – 3 = ___
___ – ___ = ___
___ – ___ = ___

20 – 3 = ___
20 – 4 = ___
20 – 5 = ___
20 – 6 = ___
___ – ___ = ___
___ – ___ = ___

13 – 3 = ___
14 – 4 = ___
15 – 5 = ___
16 – 6 = ___
___ – ___ = ___
___ – ___ = ___

15 – 4 = ___
16 – 4 = ___
17 – 4 = ___
18 – 4 = ___
___ – ___ = ___
___ – ___ = ___

18 – 3 = ___
17 – 3 = ___
16 – 3 = ___
15 – 3 = ___
___ – ___ = ___
___ – ___ = ___

Subtraktion im Zwanzigerraum

Erst zur 10 und dann weiter

$14 - 6 =$ ____

erst 4
dann ____

$16 - 8 =$ ____

erst 6
dann ____

$12 - 4 =$ ____

erst 2
dann ____

$15 - 7 =$ ____

erst ____
dann ____

$13 - 5 =$ ____

erst ____
dann ____

Subtraktion im Zwanzigerraum

Halbieren

Teile gerecht auf.

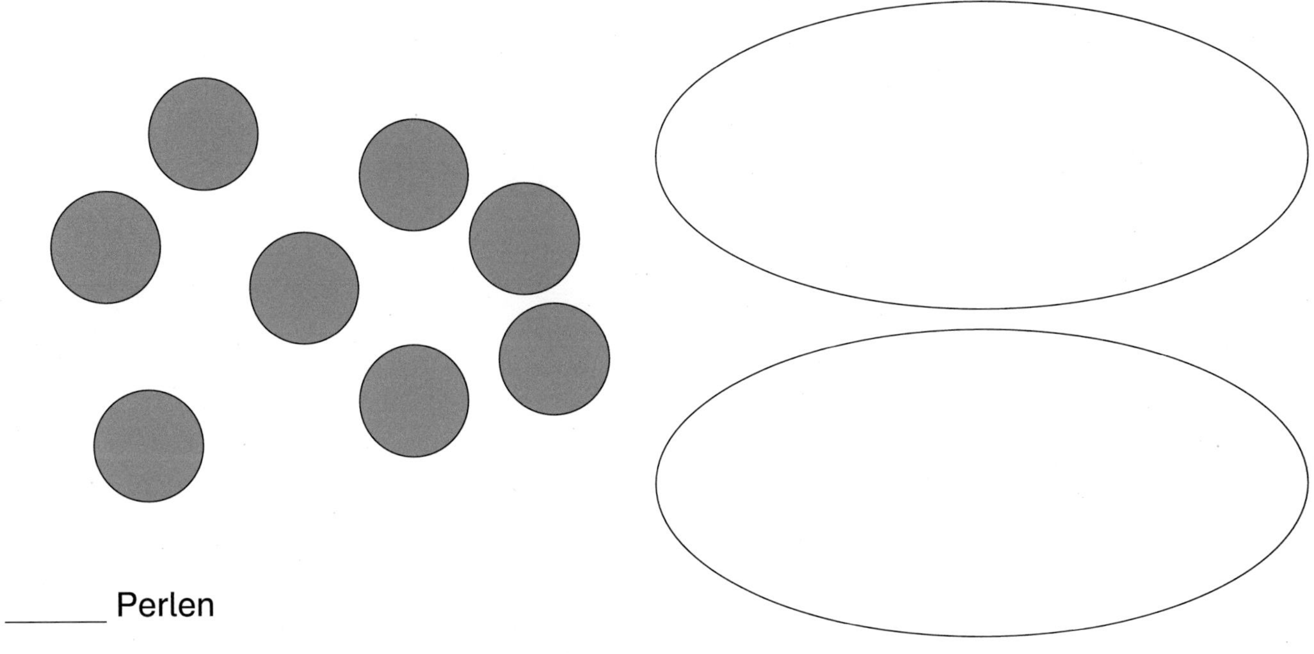

_____ Perlen

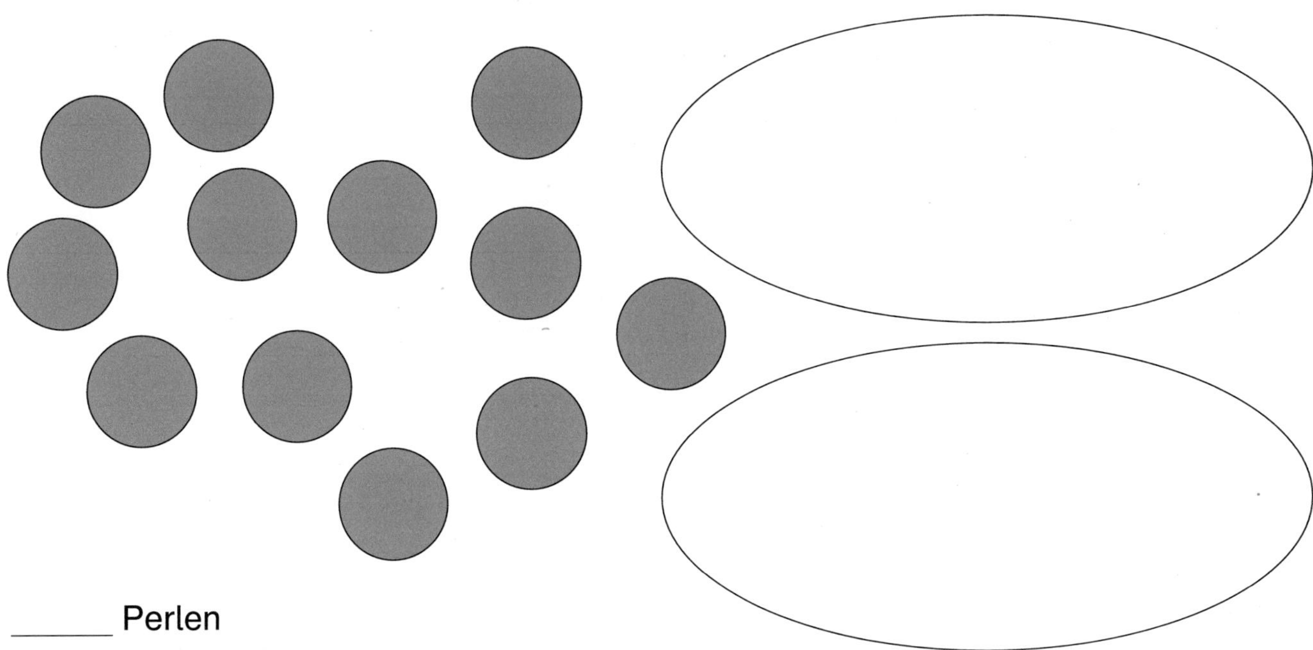

_____ Perlen

Zahl	8	2	10	16	4	20	12	6	14
Hälfte									

Subtraktion im Zwanzigerraum

Von einfach zu schwer

6 – 3 = ______

16 – 3 = ______

8 – 5 = ______

18 – 5 = ______

9 – 4 = ______

19 – 4 = ______

6 – 5 = ______

16 – 5 = ______

4 – 4 = ______

14 – 4 = ______

7 – 3 = ______

17 – 3 = ______

10 – 4 = ______

20 – 4 = ______

3 – 3 = ______

13 – 3 = ______

Subtraktion im Zwanzigerraum

Minus-Mauern

Bilde den Unterschied zwischen den Nachbarsteinen, indem du die kleineren Zahl von der größeren abziehst.
Schreibe das Ergebnis in den Stein darunter.

15	8	2
7	6	
1		

14	6	3

20	11	8

19	12	5

13	4	2

Subtraktion im Zwanzigerraum

Minus-Mauern für Profis

Eine Null-Mauer ist eine Minus-Mauer, in der auf dem unteren Stein eine Null steht. Wie muss die obere Mauer aussehen, damit auf dem unteren Stein eine Null steht?

Beschreibe:

Erfinde eigene Minus- und Null-Mauern!

Subtraktion im Zwanzigerraum

Minus über die 10

14 – 5 = ______

12 – 3 = ______

14 – 9 = ______

12 – 5 = ______

–	5	8	7	4
12				
16				

–	2	4	6	8
14				
16				

12 – 2 – 6 = ______

16 – 6 – 5 = ______

14 – 4 – 8 = ______

15 – 5 – 6 = ______

14 – 5 – 4 = ______

18 – 2 – 8 = ______

12 – 5 – 2 = ______

Fehlerteufel
Hier haben sich 5 Fehler versteckt. Kannst du sie finden? Streiche die falschen Aufgaben durch!

–	5	1	7	0	6
19	14	18	11	19	13
16	11	16	9	16	9
8	3	7	1	8	2
9	4	9	2	0	3

Subtraktion im Zwanzigerraum

Zahlenhäuser einmal anders

Suche dir zwei Zahlen. Die größere der beiden Zahlen wohnt in der linken Wohnung, die kleinere in der rechten. Im Dachgeschoss wohnt die Summe der beiden Zahlen und im Keller ihr Unterschied.

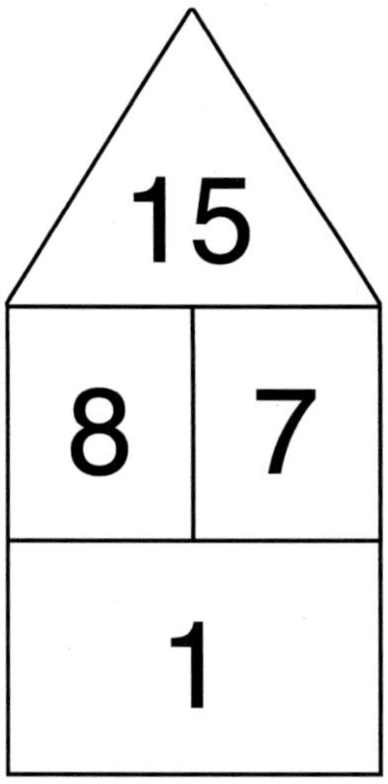

15	
8	7
1	

Britta Buschmann: Lernstationen inklusiv – Rechnen im Zahlenraum bis 20

Zahlordnung / Größer, kleiner, gleich

Froschige Nachbarn

Vorgänger	Zahl	Nachfolger

	8	

Vorgänger	Zahl	Nachfolger
7		9

Vorgänger	Zahl	Nachfolger
11		13

Vorgänger	Zahl	Nachfolger
	10	11

Vorgänger	Zahl	Nachfolger
	18	19

Vorgänger	Zahl	Nachfolger
		20

Vorgänger	Zahl	Nachfolger
12		

Vorgänger	Zahl	Nachfolger
15		

Eulen-Zahlenreihen

Ergänze die fehlenden Zahlen.

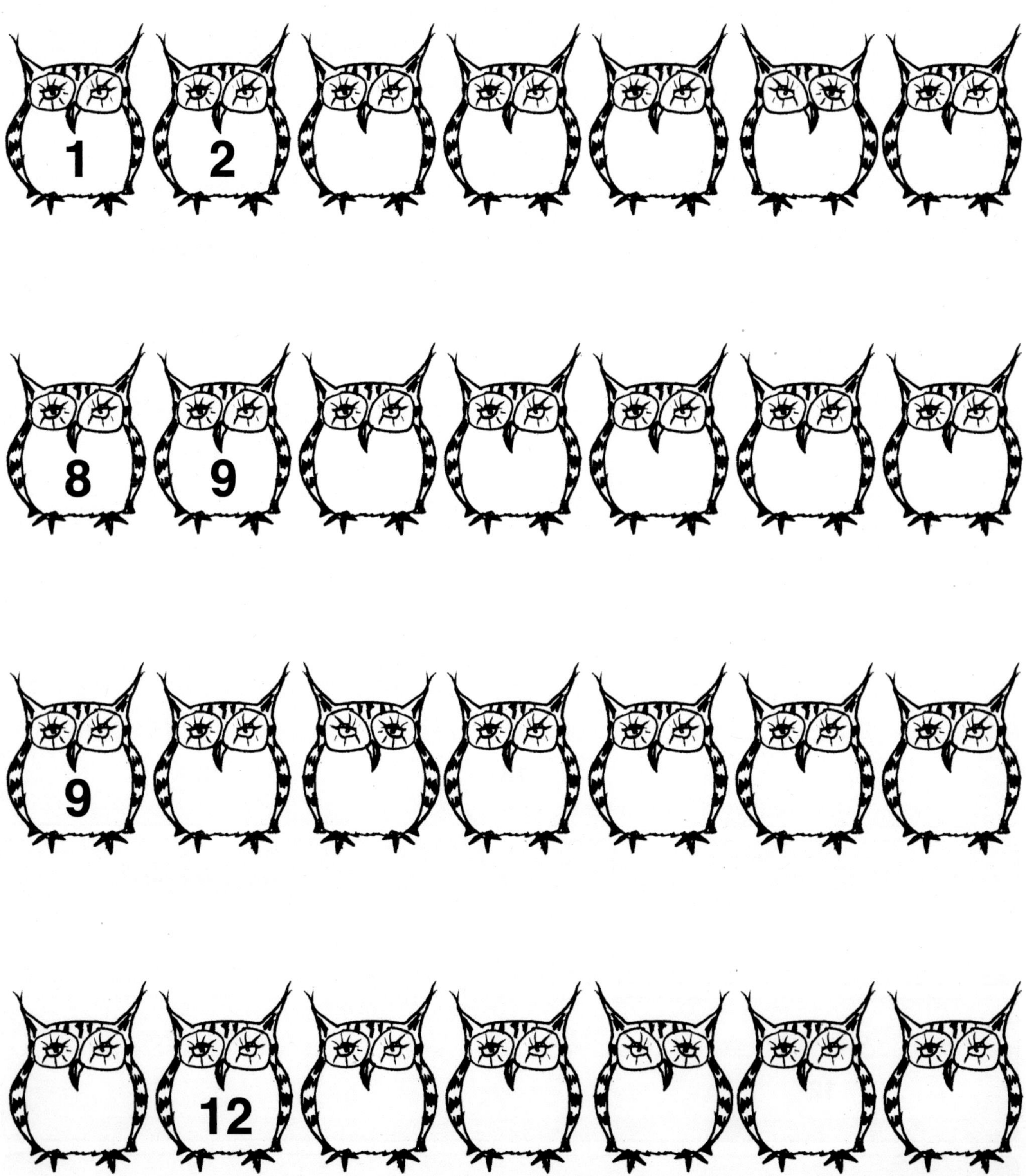

Zahlordnung / Größer, kleiner, gleich

Turmbaumeister

Male die Türme und ergänze die passenden Zeichen >, <, oder =.

5 7 6

8 5 9

Zahlordnung / Größer, kleiner, gleich

Größer, kleiner oder gleich?

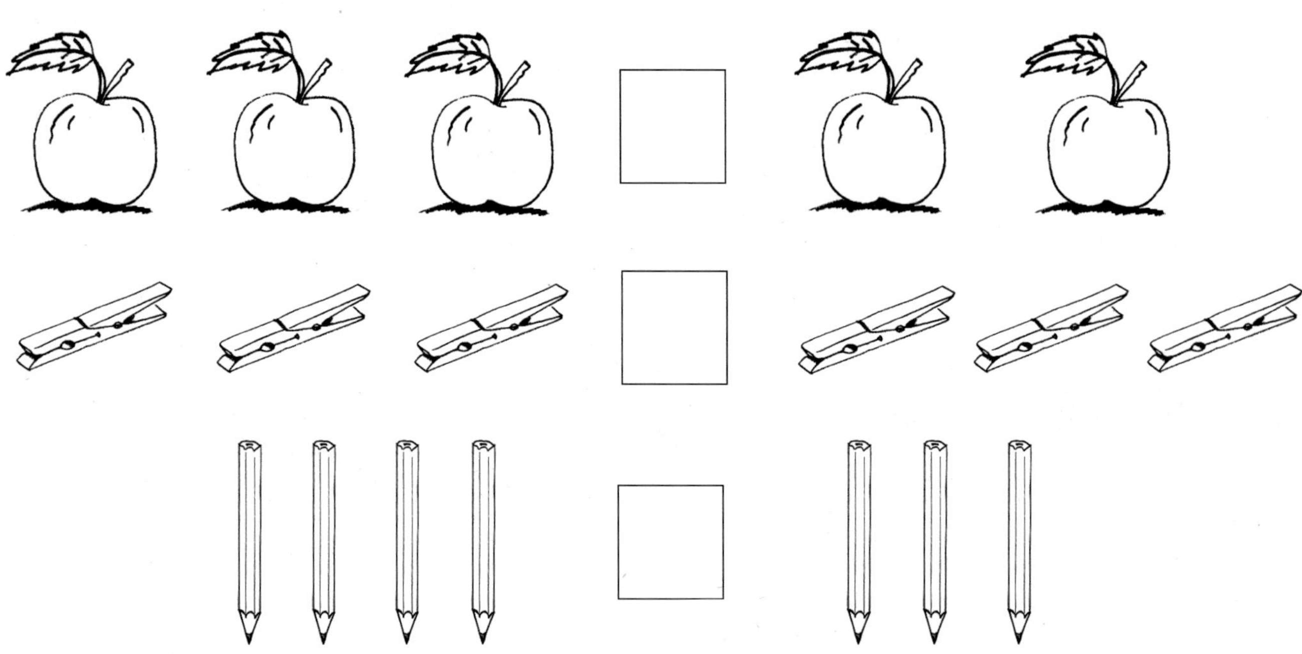

Male so, dass es stimmt!

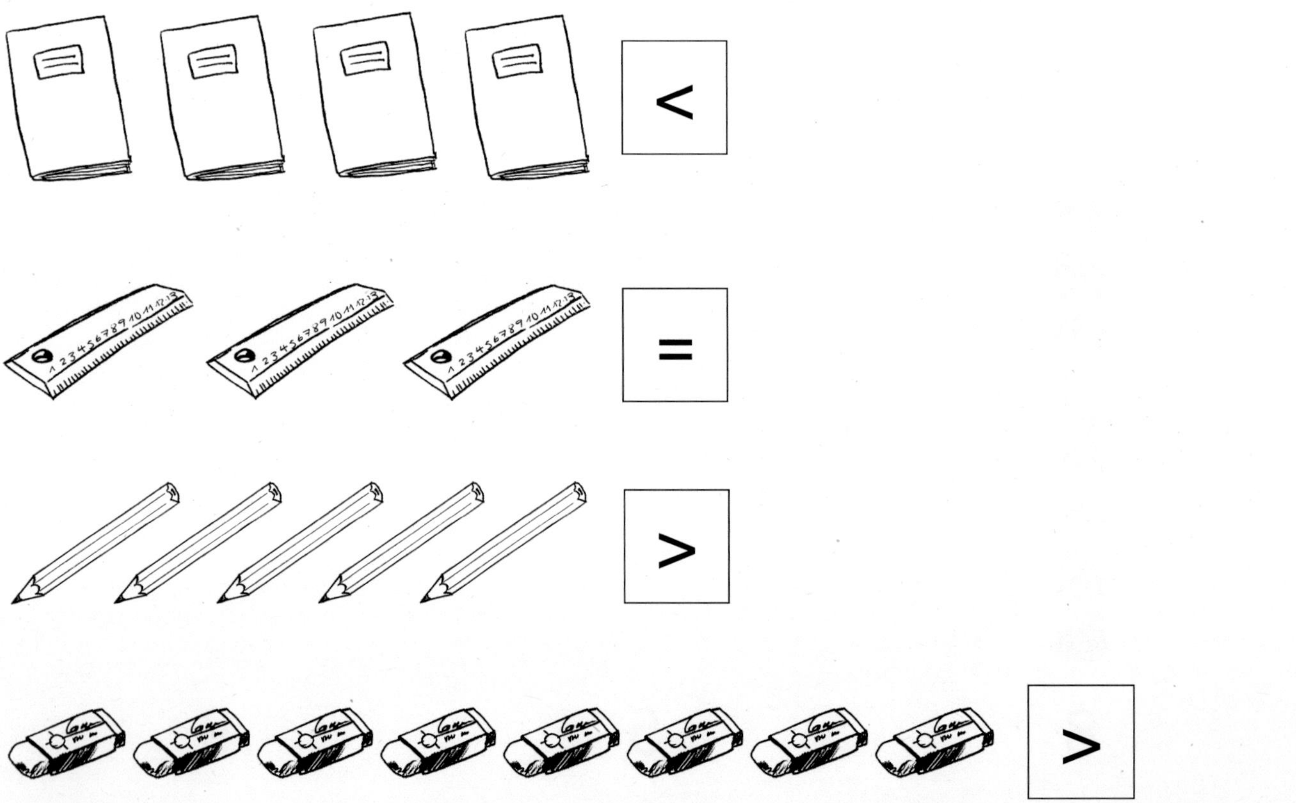

Zahlordnung / Größer, kleiner, gleich

Nanu, da fehlt doch was?

Ausschnitte aus dem Zwanzigerfeld.
Ergänze.

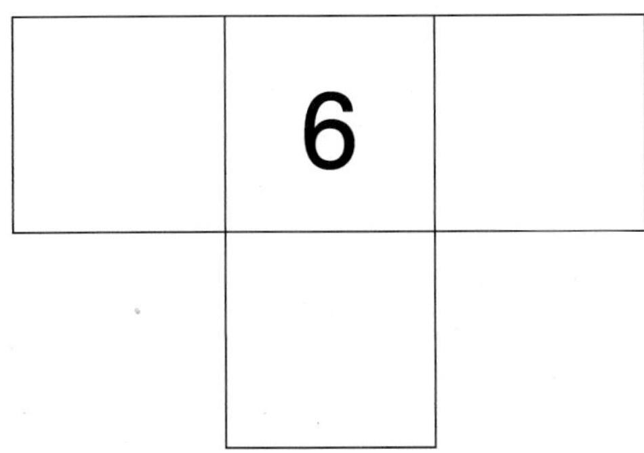

1		

		5
13		

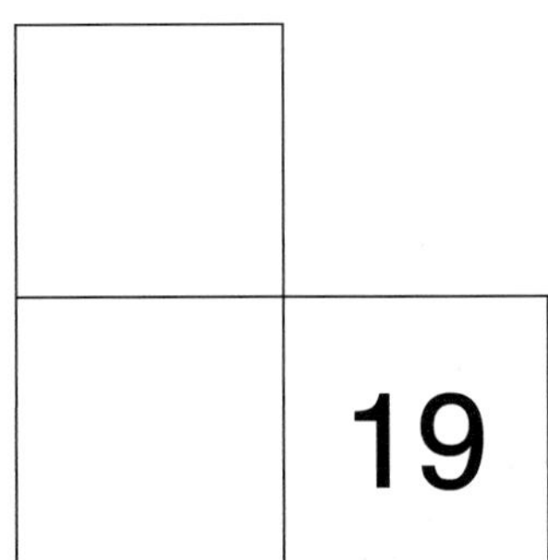

	16	

		20

2			
		14	

Zahlordnung / Größer, kleiner, gleich

Ordnung schaffen

Ordne die Zahlen nach der Größe.

Beginne mit der kleinsten Zahl.

6 9 10 5 3 1

Beginne mit der größten Zahl.

12 20 9 7 2 14

Beginne mit der größten Zahl.

5 19 11 8 2 17

Zahlordnung / Größer, kleiner, gleich

Ordnung muss sein

Lies und male!

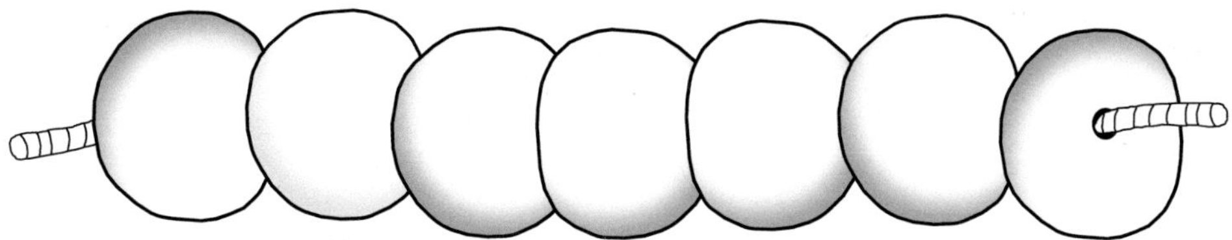

Die erste Perle ist gelb.
Male die vierte Perle blau an.
Die siebte Perle malst du rot an.

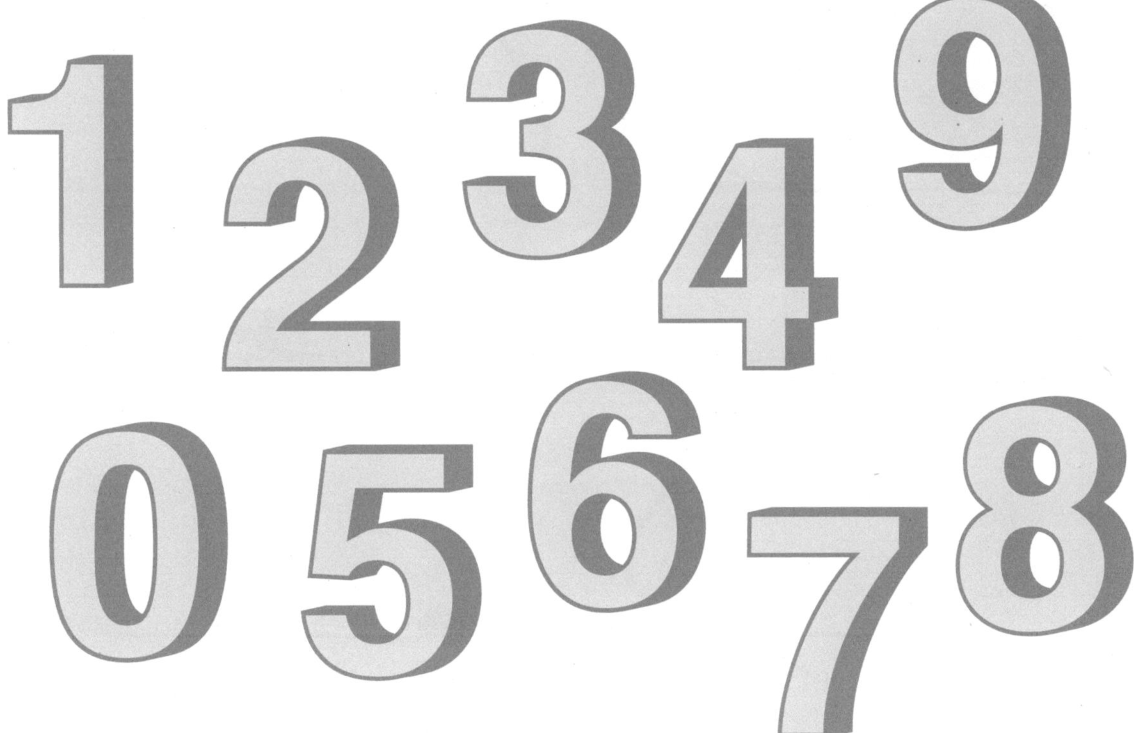

Male die Zahl drei grün an.
Die Zahl Null ist blau.
Male den Vorgänger der Zahl drei schwarz an.
Die Zahl neun wird braun.
Male die Zahl sechs und ihren Nachfolger rot an.
Male die Zahl acht lila.
Male das Ergebnis der Rechnung zwei minus eins orange an.
Male die Zahl vier in deiner Lieblingsfarbe an und deren Nachfolger male grau.

Station 1

Größen, Geld

Wie viel Geld ist im Portemonnaie?

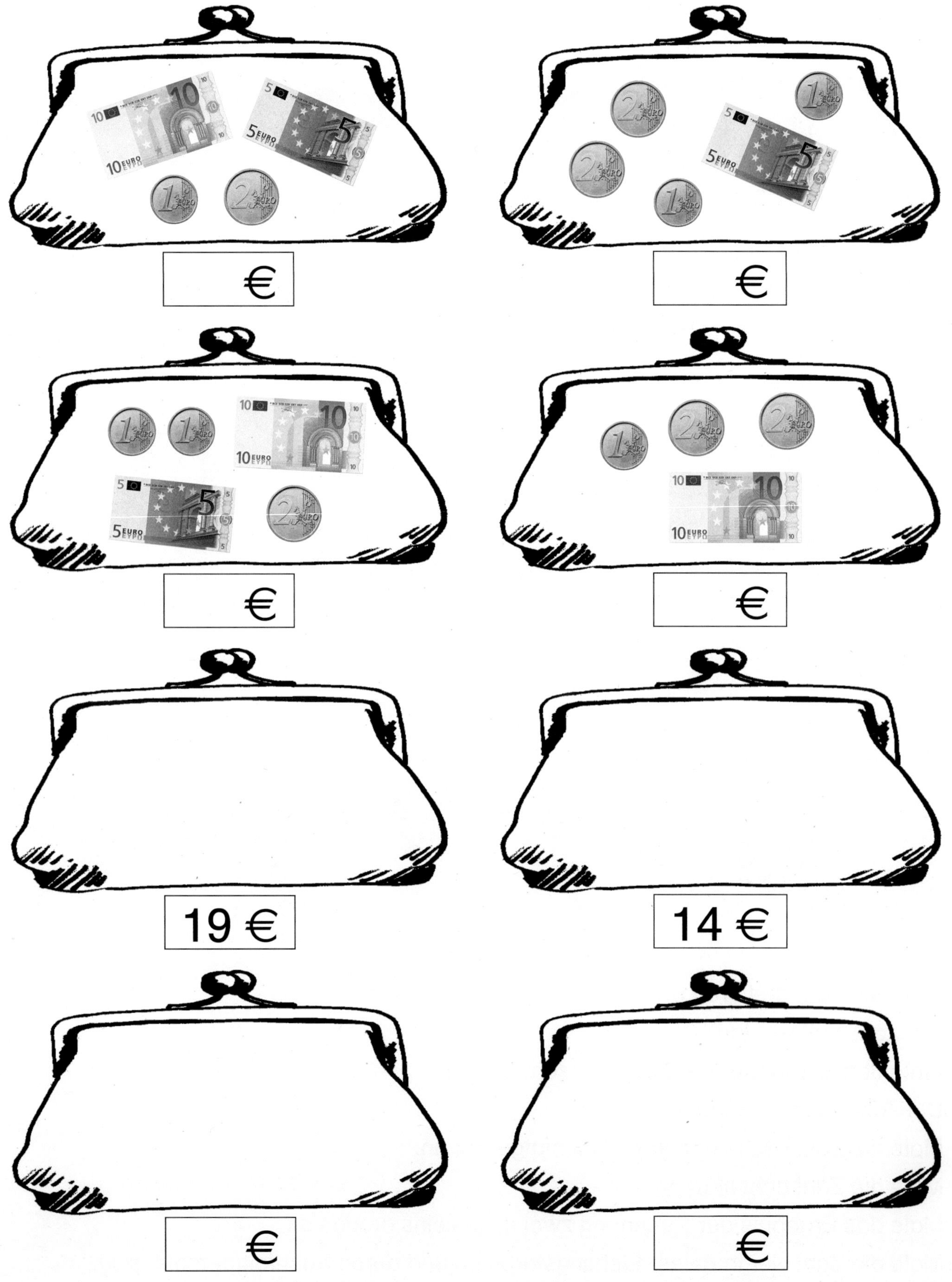

Britta Buschmann: Lernstationen inklusiv – Rechnen im Zahlenraum bis 20

Größen, Geld

Unser Geld

Verbinde.

10 ct

14 ct

15 ct

11 ct

9 €

15 €

17 €

18 €

Größen, Geld

Unser Geld

Male das fehlende Geld.

7 €

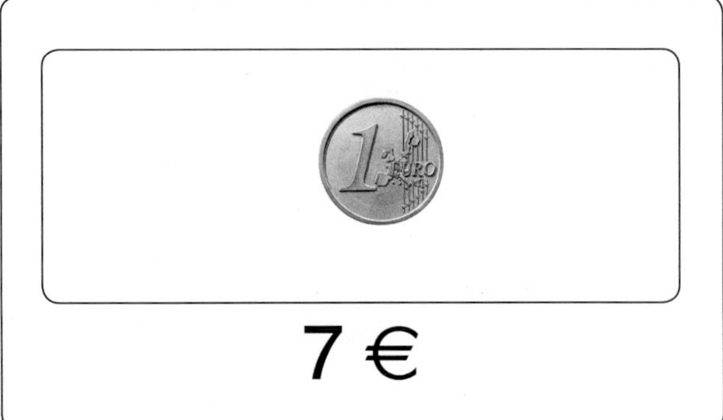

7 €

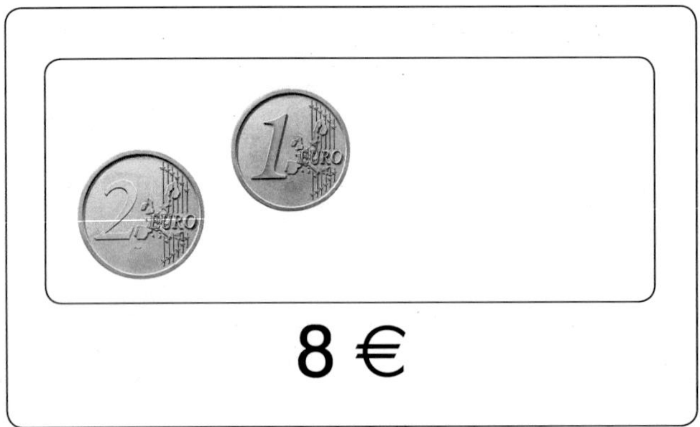

8 €

8 €

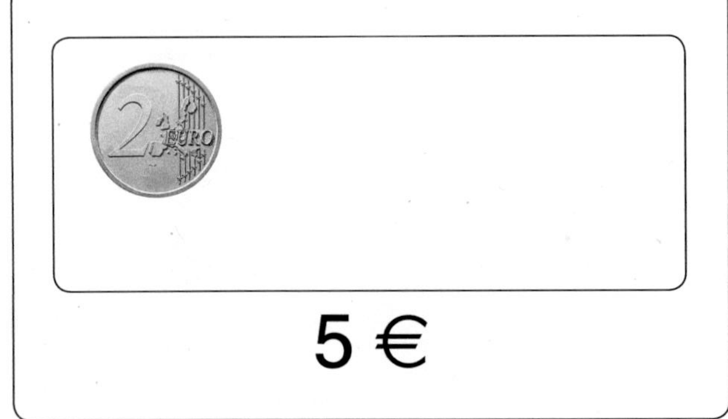

5 €

5 €

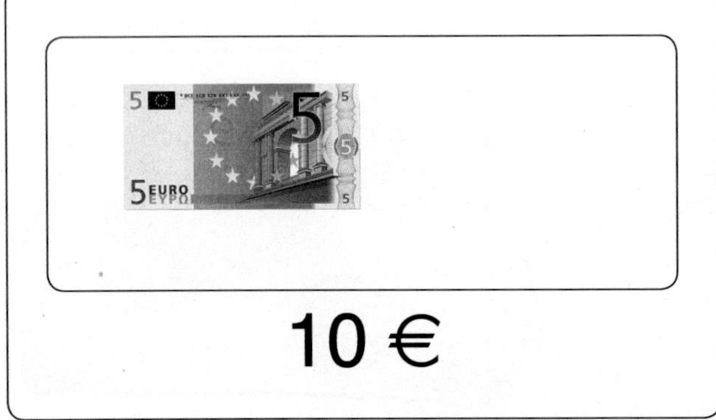

10 €

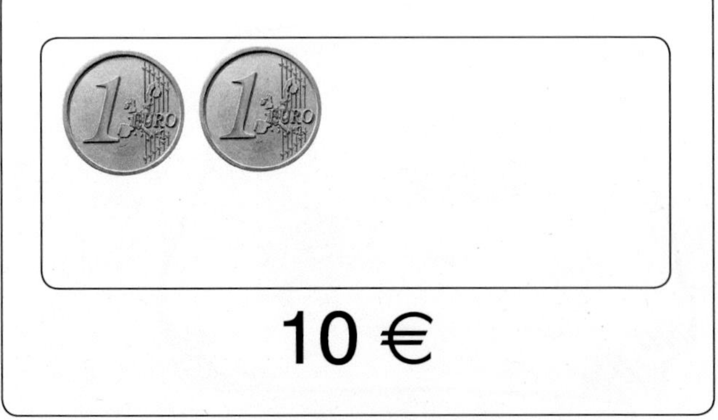

10 €

Mein Taschengeld

Male das fehlende Geld.

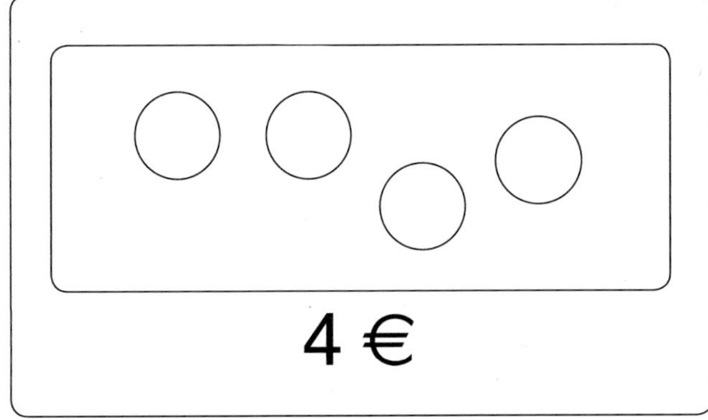

4 €

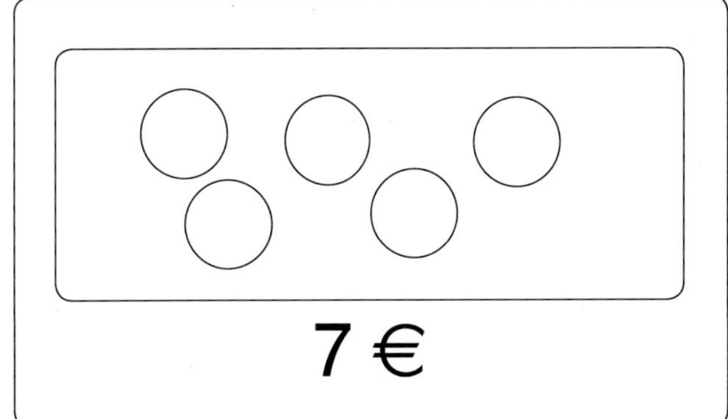

7 €

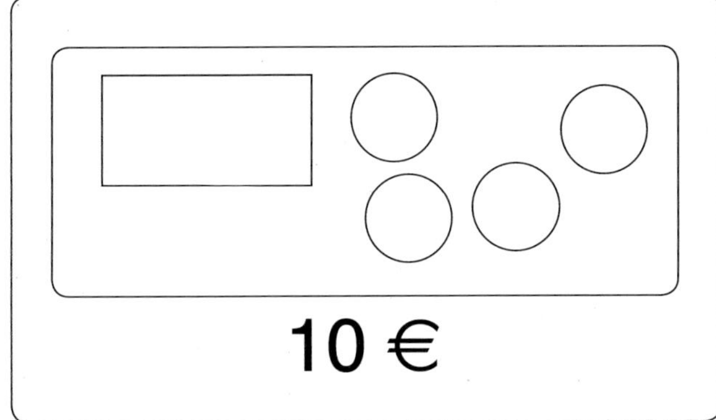

10 €

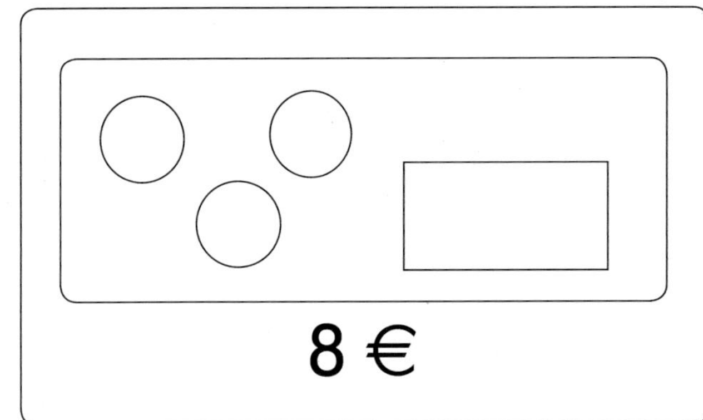

8 €

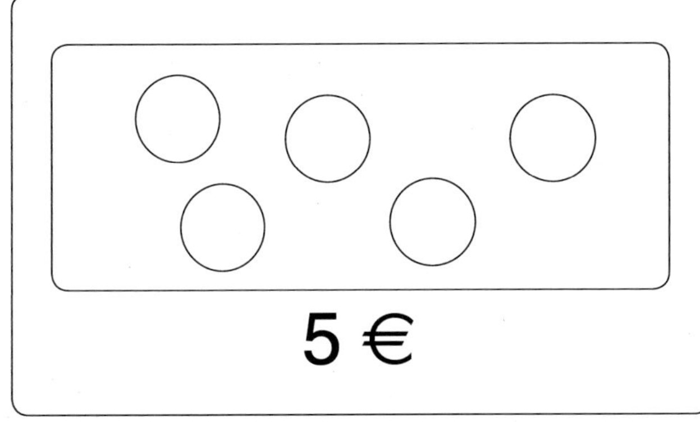

5 €

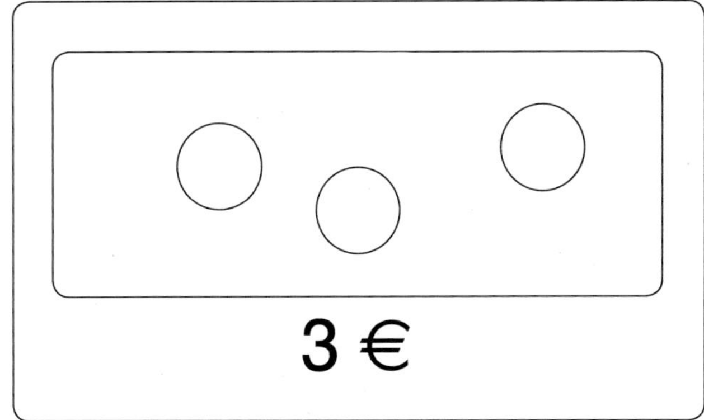

3 €

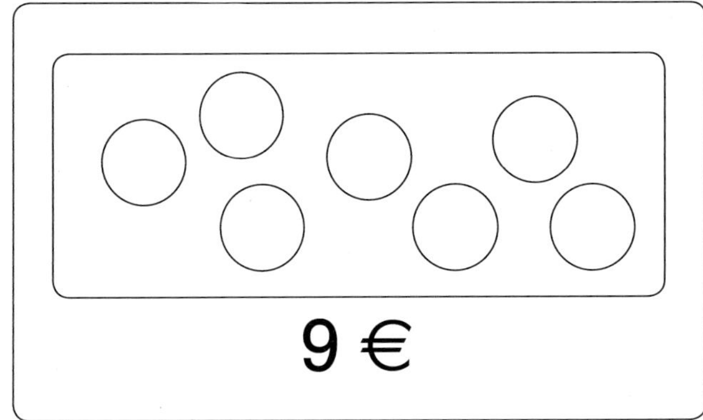

9 €

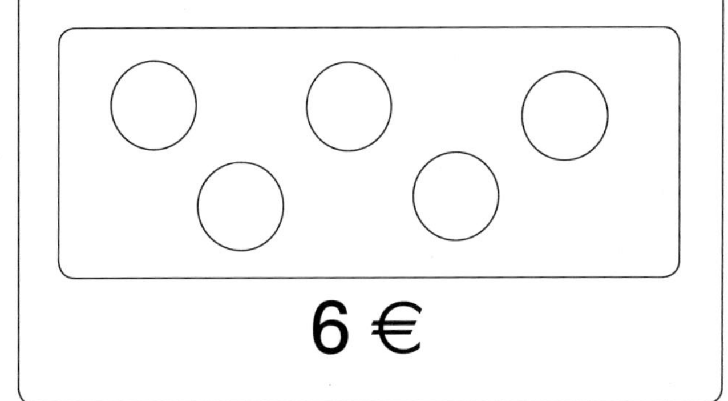

6 €

Immer 10 Euro

**Male in jedes Portemonnaie immer 10 Euro.
Wie viele Möglichkeiten findest du?**

Größen, Geld

Portemonnaies leeren

Lege mit möglichst wenig Münzen. Male.

12 ct

17 ct

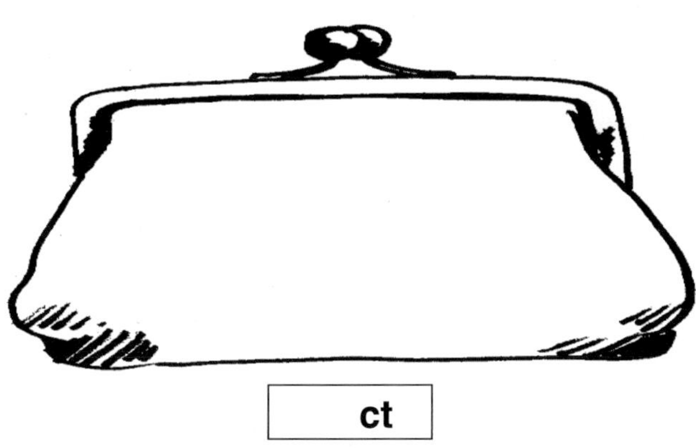

ct

Finde verschiedene Möglichkeiten.

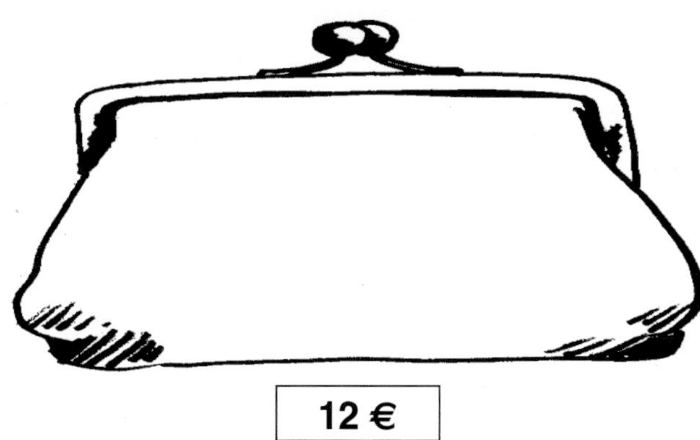

12 €

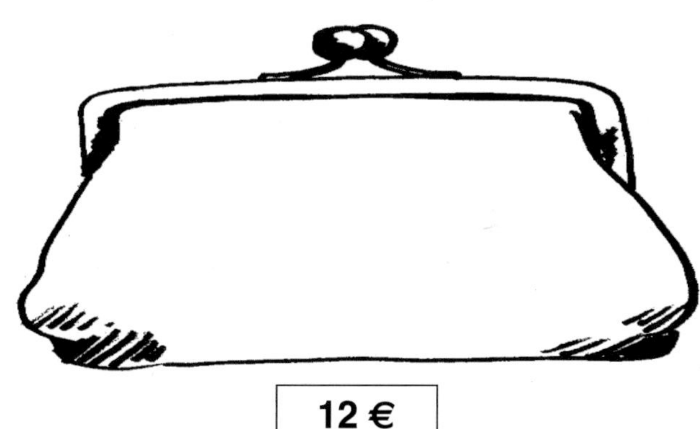

12 €

Wechsle in möglichst wenige Münzen.

Wechsle in möglichst wenige Scheine und Münzen.

Größen, Geld

Im Spielzeugladen

Wie viel Geld bekommst du zurück?

6 €

8 €

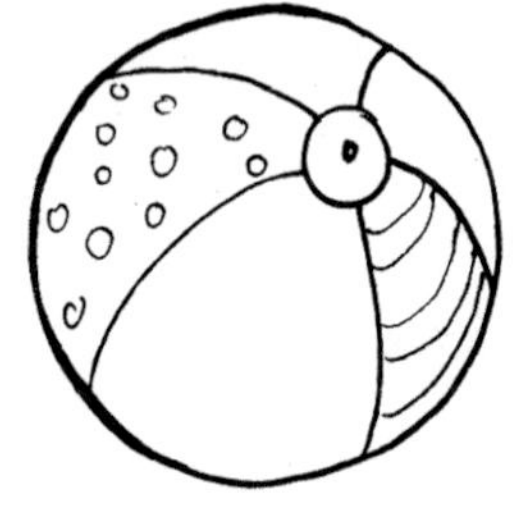

5 €

2 €

1 €

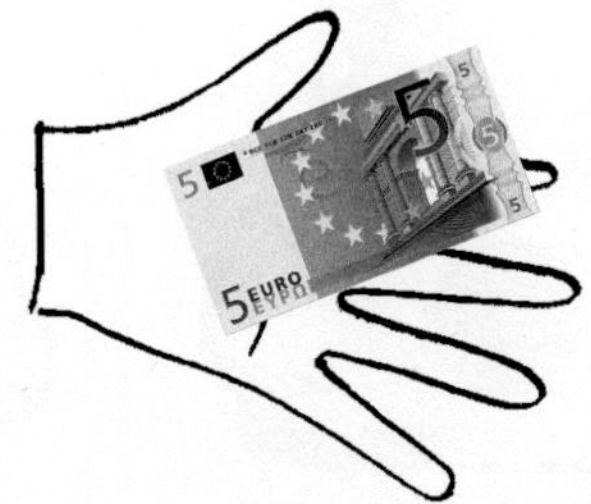

Größen, Geld

Was steckt im Portemonnaie?

Schreibe die Plusaufgabe auf.

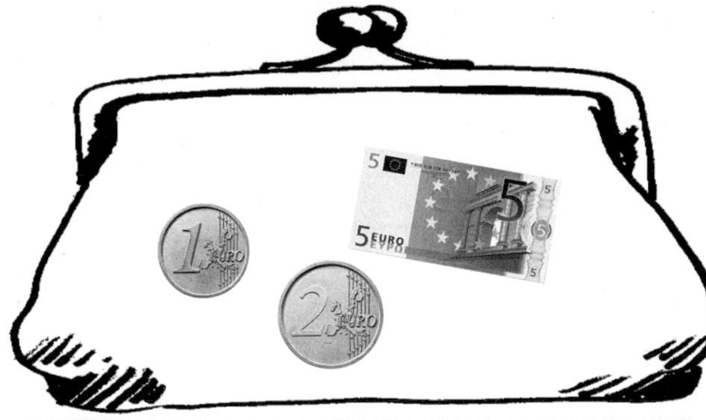

1 € + ______ + ______ = ______

______ + ______ + ______ = ______

______ + ______ + ______ = ______

______ + ______ + ______ = ______

______ + ______ + ______ = ______

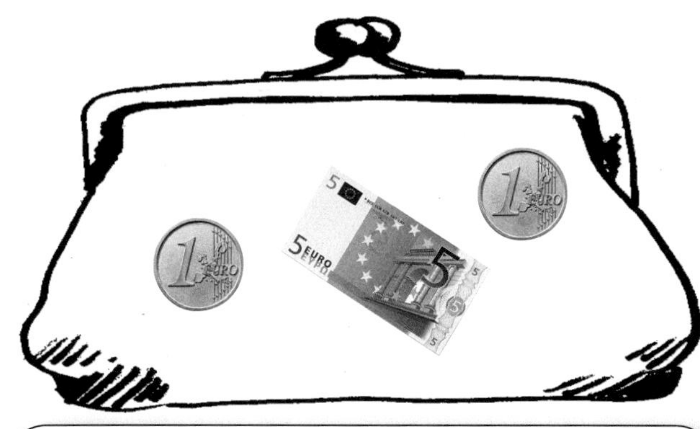

______ + ______ + ______ = ______

Größen, Geld

Auf dem Trödelmarkt

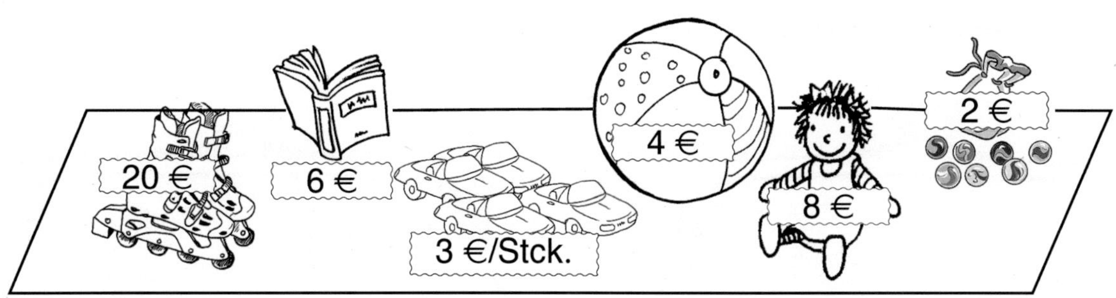

Was möchtest du kaufen? Schreibe auf.

Wie viel musst du bezahlen?

Lilli kauft auch ein. Sie kauft eine Puppe und ein Buch.
Wie viel Geld muss sie bezahlen?

Rechnung:

Antwort:

Leo kauft einen Ball, ein Auto und ein Säckchen mit Murmeln.
Er hat einen 20-Euro-Schein dabei. Wie viel Geld hat er anschließend noch übrig?

Rechnung:

Antwort:

Sachaufgaben

Denken und zeichnen

Zeichne ein Quadrat.
Zeichne auf das Quadrat ein Dreieck.

Zeichne ein Haus.
Das Haus hat ein Fenster und eine Tür.
Rechts neben dem Haus steht ein Auto.
In dem Auto sitzt ein Mensch.

Zeichne einen Tisch.
Links neben dem Tisch ist ein Stuhl.
Unter dem Stuhl liegt ein roter Ball.
Auf dem Stuhl sitzt ein Kind.

Sachaufgaben

Von Tieren und Piraten

Eine Maus isst zum Frühstück 1 Stück Käse, mittags isst sie noch 1 Stück und vor dem Schlafengehen noch 2 Stücke.

Frage: Wie viele Stücke Käse hat die Maus gegessen?

Rechnung:

Antwort:

Ein Marienkäfer hat insgesamt acht Punkte auf seinem Rücken. Auf der einen Seite hat er drei Punkte.

Frage:

Rechnung:

Antwort:

In einer Schatztruhe befinden sich 18 Edelsteine. Der Piratenkönig gibt einem Matrosen 3 Edelsteine ab und seinem besten Freund schenkt er 5 Edelsteine.

Frage:

Rechnung:

Antwort:

Sachaufgaben

Lesen – rechnen – malen

Male die größte Zahl blau aus.

Subtrahiert man von der zweitgrößten Zahl die kleinste Zahl, erhält man eine Zahl. Male diese grün aus.

Eine Zahl steht auf dem Kopf. Male sie rot an!

Die gelbe Zahl steht zwischen der grünen und der kleinsten Zahl.

Eine Zahl bleibt übrig, male sie schwarz aus.

Sachaufgaben

Zum Knobeln

Timo und seine Schwester Jana haben zusammen 24 Murmeln. Timo hat 6 Murmeln mehr als Jana.

Frage:

Rechnung:

Antwort:

Lisa und Marie sind zusammen 17 Jahre alt. Lisa ist 3 Jahre älter als Marie.

Frage:

Rechnung:

Antwort:

Körperteile würfeln

Du brauchst: 1 Würfel

Wer kann mitmachen:  

So wird es gemacht:

Würfel mit dem Würfel. Berühre den Boden anschließend mit so vielen Körperteilen wie du gewürfelt hast.

Verdoppeln

Du brauchst: 1 Spiegel, Muggelsteine

Wer kann mitmachen: 

So wird es gemacht:

Wähle dir eine Anzahl an Muggelsteinen aus. Lege sie vor den Spiegel.

Wie viele siehst du jetzt?

Schreibe eine passende Rechenaufgabe in dein Heft!

Verdoppeln: Bei schwächeren Kindern reicht es auch aus, wenn sie nur die komplette Anzahl zählen. Stärkere Kinder können auch Aufgabe und Umkehraufgabe notieren.

Größer-kleiner-Spiel

Du brauchst: Zahlenkarten

Wer kann mitmachen: 

So wird es gemacht:

Zieht der Reihe nach eine Zahlenkarte. Stellt euch nun der Größe nach auf. Beginnt mit der kleinsten Zahl.

Schatzräuber

Du brauchst: 15 Bierdeckel, Würfel

Wer kann mitmachen: 

So wird es gemacht:

Legt die Bierdeckel aus. Auf den 8. Bierdeckel stellt sich ein Kind, euer Schatz. Die Piraten nehmen jeweils hinter den letzten Bierdeckeln Aufstellung. Es wird abwechselnd gewürfelt. Einigt euch vorher, wer beginnt. Es gibt Plusräuber und Minusräuber. Gewonnen hat das Team, welches als Erstes den Schatz für sich erobern kann.

Wie viele sind versteckt?

Du brauchst: Muggelsteine

Wer kann mitmachen: 

So wird es gemacht:

Einer von euch wählt eine Anzahl an Muggelsteinen und zeigt sie dem anderen. Dann versteckst du einige davon hinter deinem Rücken.
Dein Partner muss errechnen, wie viele hinter dem Rücken versteckt sind.
Kannst du auch die entsprechende Rechenaufgabe nennen?

Zahlenfußball

Du brauchst: 10 Kegel, 1 Fußball, Rechenheft

Wer kann mitmachen: 

So wird es gemacht:

Stelle dir die 10 Kegel auf.

Schieße nun den Ball.

Wie viele Kegel sind umgefallen, wie viele stehen noch?

Schreibe die entsprechende Rechenaufgabe in dein Heft!

Halbieren

Du brauchst: Muggelsteine, Rechenheft

Wer kann mitmachen:

So wird es gemacht:

Nehmt euch eine Zahl an Muggelsteinen.

Teilt sie gerecht untereinander auf! Jeder soll gleich viele erhalten.

Schreibt die passende Rechenaufgabe in euer Heft!

Würfelmeister

Du brauchst: 2–3 Würfel, AB Würfelmeister

Wer kann mitmachen: 

So wird es gemacht:

Das jüngste Kind fängt an. Würfel mit beiden Würfeln. Bilde zu beiden gewürfelten Zahlen eine Plusaufgabe und schreibe sie auf das Arbeitsblatt. Nun ist dein Partner an der Reihe. Er würfelt ebenfalls und trägt die gewürfelten Zahlen auf seinem Arbeitsblatt ein. Wer das höhere Ergebnis erwürfelt hat, gewinnt die Runde.

Würfelmeister

Name:

_____ + _____ = _____

_____ + _____ = _____

_____ + _____ = _____

_____ + _____ = _____

_____ + _____ = _____

_____ + _____ = _____

_____ + _____ = _____

_____ + _____ = _____

_____ + _____ = _____

_____ + _____ = _____

Name:

_____ + _____ = _____

_____ + _____ = _____

_____ + _____ = _____

_____ + _____ = _____

_____ + _____ = _____

_____ + _____ = _____

_____ + _____ = _____

_____ + _____ = _____

_____ + _____ = _____

_____ + _____ = _____

Würfelmeister für Profis

Name:

_____ + _____ + _____ = _____

_____ + _____ + _____ = _____

_____ + _____ + _____ = _____

_____ + _____ + _____ = _____

_____ + _____ + _____ = _____

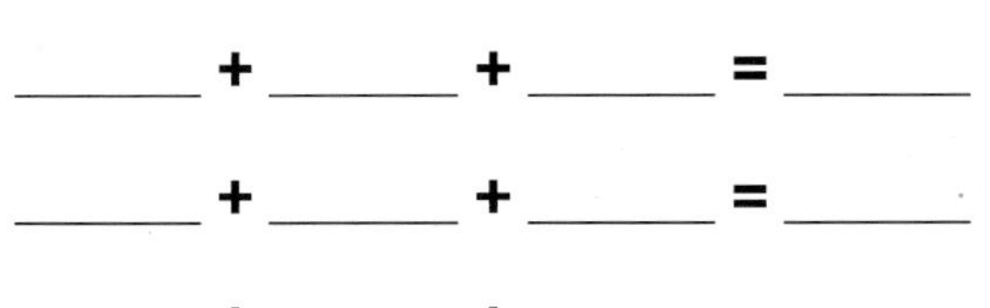

_____ + _____ + _____ = _____

_____ + _____ + _____ = _____

_____ + _____ + _____ = _____

_____ + _____ + _____ = _____

_____ + _____ + _____ = _____

Name:

_____ + _____ + _____ = _____

_____ + _____ + _____ = _____

_____ + _____ + _____ = _____

_____ + _____ + _____ = _____

_____ + _____ + _____ = _____

_____ + _____ + _____ = _____

_____ + _____ + _____ = _____

_____ + _____ + _____ = _____

_____ + _____ + _____ = _____

_____ + _____ + _____ = _____

Lernen an Stationen

Floh-Aufgaben

Mäuse-Aufgaben

Elefanten-Aufgaben

Arbeite leise!

Flüstern!

Zuhören!

Einzelarbeit

Partnerarbeit

Gruppenarbeit

Kontrollpunkt

Bürozeit

Helfer des Tages

Bewegungsstation

Stationsplan

Stationsplan von ____________________

Aufgabe	Nummer			